中等职业学校以工作过程为导向课程改革实验项目

电气运行与控制专业核心课程系列教材

机械基础与技能训练

杨 东 牛 慧 主编

U0338608

机械工业出版社

CHINA MACHINE PRESS

本书是北京市中等职业学校以工作过程为导向课程改革实验项目电气运行与控制专业核心课程系列教材之一。本书根据北京市中等职业学校电气运行与控制专业课程标准编写，注重体现工作过程导向课程改革核心内容，同时参考了国家职业标准中钳工工种对机械基础知识的要求。

本书共三个单元、六个项目，内容包括常用机械零部件的拆装、常用机械传动机构的组装、简单机械零件的钳工制作。本书在图例上大量采用实物图和立体图，直观明了。

本书可作为中等职业学校电气运行与控制专业、机械类专业及其他相关专业的教材，也可作为机械制造与机械加工从业人员的岗位培训教材。

图书在版编目（CIP）数据

机械基础与技能训练/杨东，牛慧主编. —北京：机械工业出版社，2017.2
中等职业学校以工作过程为导向课程改革实验项目　电气运行与控制专业核心课程系列教材
ISBN 978-7-111-55542-1

Ⅰ.①机…　Ⅱ.①杨…②牛…　Ⅲ.①机械学-中等专业学校-教学参考资料　Ⅳ.①TH11

中国版本图书馆 CIP 数据核字（2016）第 287363 号

机械工业出版社（北京市百万庄大街 22 号　邮政编码 100037）
策划编辑：高　倩　责任编辑：高　倩　程足芬　责任校对：刘　岚
封面设计：路恩中　责任印制：李　飞
北京机工印刷厂印刷（三河市南杨庄国丰装订厂装订）
2017 年 3 月第 1 版第 1 次印刷
184mm×260mm · 11.75 印张 · 1 插页 · 284 千字
0001—1500 册
标准书号：ISBN 978-7-111-55542-1
定价：34.80 元

电话服务　　　　　　　　　　网络服务
服务咨询热线：010-88379833　机 工 官 网：www.cmpbook.com
读者购书热线：010-88379649　机 工 官 博：weibo.com/cmp1952
　　　　　　　　　　　　　　教育服务网：www.cmpedu.com
封面无防伪标均为盗版　　　　金 书 网：www.golden-book.com

北京市中等职业学校工作过程导向课程教材编写委员会

主　　任：吴晓川

副 主 任：柳燕君　吕良燕

委　　员：（按姓氏拼音字母顺序排序）

程野冬　陈　昊　鄂　甜　韩立凡　贺士榕

侯　光　胡定军　晋秉筠　姜春梅　赖娜娜

李怡民　李玉崑　刘淑珍　马开颜　牛德孝

潘会云　庆　敏　钱卫东　苏永昌　孙雅筠

田雅莉　王春乐　王春燕　谢国斌　徐　刚

严宝山　杨　帆　杨文尧　杨宗义　禹治斌

电气运行与控制专业教材编写委员会

主　　任：胡定军

副 主 任：姬立中

委　　员：梁洁婷　林宏裔　王贯山　马春英　丁　喆

樊运华　张惠勇　孙宝林

前　言

　　"机械基础与技能训练"是北京市中等职业学校电气运行与控制专业的专业核心课程，是根据学生就业岗位的典型职业活动分析整合而成的专业基础课程，其涉及内容丰富、知识面广、综合性强，具有一定的理论性和较强的实践性。该课程的核心目标是使学生掌握必要的机械基础知识和钳工基本技能，培养学生应用知识解决实际问题的能力，为学生职业生涯的发展和终身学习奠定牢固的基础。

　　本书遵照北京市中等职业学校以工作过程为导向的课程改革精神，结合学生职业发展的需要，合理确定学生应具备的能力结构和知识结构，对机械基础方面的知识进行整合，对内容的深度进行调整，以满足社会对人才的需要。本书内容包括常用机械零部件的拆装、常用机械传动机构的组装、简单机械零件的钳工制作等。本书注重理论知识的应用，突出对学生应用能力的培养，力求体现以下特色。

　　1. 以工作过程为导向，"做中学、做中教"，体现了职业教育特色。本书主要以减速器为载体，通过对常用机械零部件的拆装、减速器的整体组装、简单机械零件的钳工制作，在任务的实施过程中突出体现"工作流程理实一体化、做中学、学中做"的职教理念，学习机械知识，掌握钳工基本技能。

　　2. 以学生为中心，突出知识的应用性。本书充分考虑了北京市中等职业学校电气运行与控制专业人才培养目标，遵循够用、实用的原则，强化对学生知识应用能力的培养。

　　3. 学习目标明确，各个环节紧紧相扣。本书分单元、项目、任务三级。每一单元开始均有单元概述，对本单元学习内容进行简要总结，并提出三维学习目标。在每一项目中都有项目描述，每一任务中都包括任务描述、任务分析、相关知识、任务实施等内容。在项目最后都有项目评价标准，为学生提供参考。考虑到知识的系统性，每单元后面都有知识拓展，补充了项目中未能涵盖的知识。单元后另附有练习题，以便巩固提高，帮助学生掌握所学知识。单元最后还有单元小结。各环节步步紧扣，以使学生学习时目标明确。

　　4. 图文并茂，可读性强。本书实例丰富、图文并茂，可增强学生的感性认识，激发学生的学习兴趣。

　　本课程的指导性教学学时数为 140 学时，具体分配见下表，各学校可根据实际情况选取教学内容。

教 学 内 容		建议学时
单元一　常用机械零部件的拆装	项目一　双级圆柱齿轮减速器箱体的拆装	16
	项目二　双级圆柱齿轮减速器轴系零部件的拆装	40
单元二　常用机械传动机构的组装	项目三　双级圆柱齿轮减速器的组装	14
	项目四　蜗杆减速器的组装	14

（续）

教 学 内 容		建议学时
单元三 简单机械零件的钳工制作	项目五 制作连接拉板	18
	项目六 制作普通平键	38

　　本书由北京铁路电气化学校杨东、牛慧主编，张福顺、文娟萍、段明深参与了编写。在编写过程中，编者参考了大量有关书籍和相关文献，并得到了北京铁路电气化学校梁洁婷科长、李忠生老师的帮助，在此一并表示感谢。

　　由于编者水平有限，书中难免存在疏漏和不妥之处，恳请广大读者和专家提出宝贵意见和建议。

编　者

目 录

绪 论

为了满足生活和生产的需要，人类创造并发展了机械，用以减轻人类的体力劳动，提高劳动生产率，完成各种复杂的工作。当今世界，人们越来越离不开机械了。学习机械知识，掌握一定程度的机械设计、制造、运用、维护与修理等方面的理论、方法和技能是十分必要的，特别是对于那些从事或即将从事机械制造、使用或与机械有关的技术、管理工作的人员来说显得更加重要。

一、机械基本概念

机器是执行机械运动的装置，用来变换或传递能量、物料与信息。机车、汽车、自行车、缝纫机、通风机、食品加工机、打印机、电动机、机床、机器人等都是机器。

机器基本上是由动力部分、工作部分和传动装置三部分组成。动力部分是机器动力的来源。常用的动力部分（原动机）有电动机、内燃机和空气压缩机等。工作部分是直接完成机器工作任务的部分，处于整个传动装置的终端，其结构形式取决于机器的用途。例如，金属切削机床的主轴、托板、工作台等。传动装置是将动力部分的运动和动力传递给工作部分的中间环节。例如，金属切削机床中常用的带传动、螺旋传动、齿轮传动、连杆机构、凸轮机构等。机器中应用的传动方式主要有机械传动、液压传动、气动传动及电气传动等。在自动化机器中，除上述三部分外，还有自动控制部分。

从制造的角度看，机器是由若干个零件装配而成的。零件是机器中不可拆卸的制造单元。可以将零件按其是否具有通用性分为两大类：一类是通用零件，它的应用很广泛，几乎在任何一部机器中都能找到它，例如，齿轮、轴、螺栓、螺母、销钉等；另一类是专用零件，它仅用于某些机器中，常可表征该机器的特点，例如，牛头刨床的滑枕

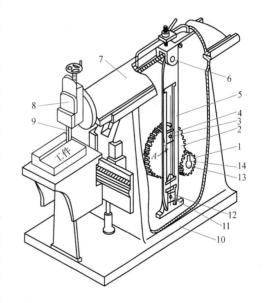

图 0-1　牛头刨床

1、2—齿轮　3、6、11—销钉　4—滑块　5—导杆
7—滑枕　8—刀架　9—刨身　10—床身　12—摇块
13—轴　14—键

（图 0-1）、起重机的吊钩等。

有时为了装配方便，先将一组组协同工作的零件分别装配或制造成一个个相对独立的组合体，然后再装配成整机，这种组合体常称为部件（或组件）。例如，牛头刨床的刀架（图 0-1），车床的主轴箱、尾座、滚动轴承以及自行车的脚蹬等。将机器看成是由零部件组成的，不仅有利于装配，也有利于机器的设计、运输、安装和维修等。按零部件的主要功用可以将它们分为连接与紧固件、传动件、支承件等。在机器中，零部件都不是孤立存在的，它们是通过连接、传动、支承等形式按一定的原理和结构联系在一起的，这样才能发挥出机器的整体功能。

从运动的角度看，机器是由若干个运动的单元所组成的，这种运动单元称为构件。构件可以是一个零件（如图 0-1 中的导杆 5），也可以是若干个零件的刚性组合体（如在图 0-1 中，齿轮 1、轴 13、键 14 组合为一个构件）。在此，各构件之间也是有联系的，是靠运动副联系起来的。构件与构件直接接触形成的可动连接称为运动副。

用运动副将若干个构件连接起来以传递运动和力的系统称之为机构，机构中的构件分为固定（机架）件、原动件和从动件三类。固定件是机构中相对静止的构件，一般称为机架；原动件是机构中接受外部给定运动规律的可动构件，如内燃机的活塞；从动件是机构中随原动件运动的可动构件，如内燃机的连杆、曲轴等。

常用机构有齿轮机构、连杆机构、凸轮机构等。用运动的观点看机器，可以认为一部机器不是一个机构就是若干个机构的组合，这就为机器的运动分析与设计带来了方便。从结构和运动的观点看，机构和机器没有任何区别，通常用"机械"一词作为机构与机器的总称。

二、运动副

机构的重要特征是构件之间具有确定的相对运动，为此必须对各个构件的运动加以必要的限制。在机构中，每个构件都以一定的方式与其他构件相互接触，二者之间形成一种可动的连接，从而使两个相互接触的构件之间的相对运动受到限制。两个构件之间的这种可动连接称为运动副。

运动副是两构件直接接触组成的可动连接，它限制了两构件之间的某些相对运动，而又允许有另一些相对运动。

两构件组成运动副时，构件上能参与接触的点、线、面称为运动副元素。

根据运动副中两构件的接触形式不同，运动副可分为低副和高副。

1. 低副

低副是指两构件以面接触的运动副。按两构件的相对运动形式，低副可分为以下几种：

（1）转动副　组成运动副的两构件只能绕某一轴线做相对转动的运动副称为转动副。图 0-2 所示的铰链连接就是转动副的一种形式，即由圆柱销和销孔及其两端面组成的转动副。铰链连接的两构件只能绕 Z 轴自由转动，沿 X 轴和 Y 轴的自由移动则被限制（约束）掉了。

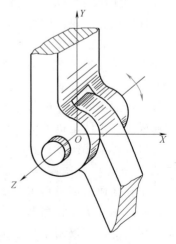

图 0-2　铰链连接

（2）移动副 组成运动副的两构件只能做相对直线移动的运动副称为移动副，如图 0-3 所示。

（3）螺旋副 组成运动副的两构件只能沿轴线做相对螺旋运动的运动副称为螺旋副，如图 0-4 所示。

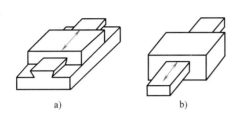

图 0-3 移动副

a）燕尾滑板 b）滑块与导轨

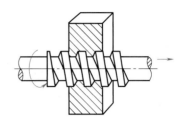

图 0-4 螺旋副

2. 高副

高副是指两构件以点或线接触的运动副。图 0-5 所示为常见的几种高副接触形式。图 0-5a 所示为车轮与钢轨的接触，图 0-5b 所示为齿轮的啮合，它们都属于线接触的高副；图 0-5c 所示为凸轮与从动杆的接触，它属于点接触的高副。

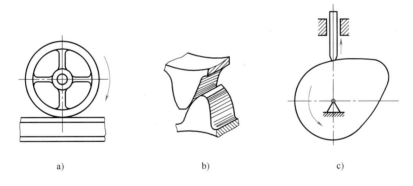

图 0-5 高副接触形式

低副和高副由于两构件直接接触部分的几何特征不同，因此在使用上也具有不同的特点。

1）低副是面接触的运动副，其接触表面一般为平面或圆柱面，容易制造和维修，承受载荷时单位面积压力较低（故称低副），因而低副比高副的承载能力大。低副属于滑动磨擦，摩擦损失大，因而效率较低。此外，低副不能传递较复杂的运动。

2）高副是点或线接触的运动副，承受载荷时单位面积压力较高（故称高副），两构件接触处容易磨损，寿命短，制造和维修也较困难。高副的特点是能传递较复杂的运动。

单元一

常用机械零部件的拆装

螺纹连接件、销、轴、轴承、齿轮、键等常用件与标准件广泛用于各种机械设备中，是机电行业不可缺少的机械零部件。本单元主要通过拆装减速器箱体和拆装轴系零部件，掌握上述常用机械零部件的拆装方法，掌握上述常用机械零部件的结构、特点、类型与应用，掌握标准件图与常用件零件图的读图方法，了解机械的润滑知识。

1. 掌握标准件及常用件（螺纹连接件、销、轴、轴承、齿轮、键）的结构、特点、类型与使用方法。
2. 掌握螺纹连接件、销、轴承、键等标准件图的读图方法。
3. 掌握机械零件图的读图方法。
4. 了解机器的润滑方法。

1. 能够完成常用机械零部件（键、销、螺纹连接件、轴承、齿轮）的拆装。
2. 能够识读标准件图。
3. 能够识读机械零件图。

1. 通过学习过程中的小组合作，培养团队合作意识。
2. 通过课前工位检查，课中工具、零件码放，课后工位整理，培养"5S"生产习惯。

项目一

双级圆柱齿轮减速器箱体的拆装

【项目描述】

减速器是由封闭在箱体内的齿轮传动或蜗杆传动所组成的独立部件。为了提高电动机的效率，原动机提供的回转速度一般比工作机械所需的转速高。因此，常将减速器安装在机械的原动机与工作机之间，以降低输入的转速，并相应地增大输出的转矩，在机器设备中应用广泛。本项目要求拆卸双级圆柱齿轮减速器（图1-1、图1-2）的上箱体，检查弹簧垫是否需要更换，更换轴承端盖处密封圈，清理箱体间接合面，并重新密封，最后装好上箱体。双级圆柱齿轮减速器箱体结构如图1-3所示。

本项目包括两个任务。

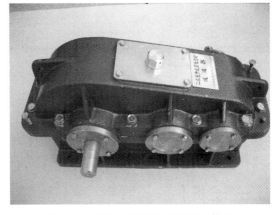

图 1-1 双级圆柱齿轮减速器（外形）

$$\text{箱体拆装}\begin{cases}\text{任务一} \quad \text{螺纹连接件的拆装} \\ \text{任务二} \quad \text{销的拆装}\end{cases}$$

图 1-2 双级圆柱齿轮减速器（拆卸箱盖）

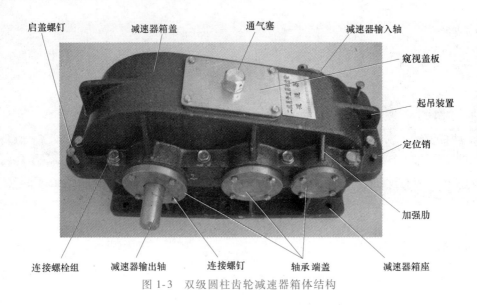

启盖螺钉　减速器箱盖　通气塞　减速器输入轴　窥视盖板　起吊装置　定位销　加强肋

连接螺栓组　减速器输出轴　连接螺钉　轴承端盖　减速器箱座

图 1-3　双级圆柱齿轮减速器箱体结构

任务一　螺纹连接件的拆装

【任务描述】

本任务主要是拆装双级圆柱齿轮减速器箱盖与箱座间的螺纹连接，通过对箱体螺纹连接件的拆装，掌握螺纹连接零件及螺纹连接的类型、结构及应用特点，识读螺纹连接图，识别螺纹零件的标记含义，了解螺纹连接的防松方法，熟练完成减速器箱体的拆装。

【任务分析】

螺纹连接件大部分已标准化，根据国家标准选用十分便利。认识螺纹连接件需要结合实物和连接装配图（即螺纹连接组件的示意图），以螺纹紧固件为主线，并参照减速器箱体上的螺纹零件进行分析。除此以外，还要结合国家标准，从实物出发，与螺纹标准件图相互对照进行学习，也有助于理解螺纹零件的标记含义。

螺纹连接具有结构简单、装拆方便、连接可靠等特点，是一种广泛应用的可拆连接。根据螺纹连接所采用的连接零件不同，通常把螺纹连接分成四种形式，即螺栓连接、双头螺柱连接、螺钉连接以及紧定螺钉连接，而减速器上采用了螺栓连接和螺钉连接。拆卸螺纹连接件需要使用扳手（活扳手、呆扳手）或螺钉旋具等拆装工具。拆装时需要注意扳手的正确使用，要从螺纹连接的实际结构出发并结合螺纹连接装配图进行拆装，完成对螺纹连接的学习。

活动一　轴承盖连接螺钉的拆装

【相关知识】

一、减速器结构与组成

减速器的结构随其类型和要求不同而异，其基本结构由箱体、轴系零件和附件三部分组成。双级圆柱齿轮减速器结构如图1-4所示。

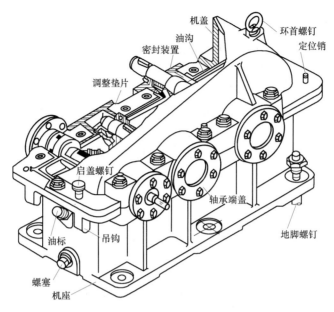

图 1-4 双级圆柱齿轮减速器结构图

1. 箱体结构

减速器的箱体用来支承和固定轴系零件，应保证传动件轴线相互位置的正确性，因而轴孔必须精确加工。箱体必须具有足够的强度和刚度，以免引起沿齿轮齿宽上载荷分布不均匀。为了增加箱体的刚度，通常在箱体上制出肋板。

为了便于轴系零件的安装和拆卸，箱体通常制成剖分式。剖分面一般取在轴线所在的水平面内（即水平剖分），以便于加工。箱盖和箱座之间用螺栓连接成一整体。为了使轴承座旁的连接螺栓尽量靠近轴承座孔，并增加轴承支座的刚性，应在轴承座旁制出凸台。设计螺栓孔位置时，应注意留出扳手空间。

2. 轴系零件

通常高速级的小齿轮直径和轴的直径相差不大，因此将小齿轮与轴制成一体，称为齿轮轴。大齿轮与轴分开制造，用普通平键做周向固定。轴上零件用轴肩、轴套、封油环与轴承端盖做轴向固定。轴承端盖与箱体座孔外端面之间垫有调整垫片组，以调整轴承游隙，保证轴承正常工作。

减速器中的齿轮传动常采用油池浸油润滑，大齿轮的轮齿浸入油池中，靠它把润滑油带到啮合处进行润滑。滚动轴承采用润滑脂润滑。为了防止箱体内的润滑油进入轴承，应在轴承和齿轮之间设置封油环。轴伸出的轴承端盖孔内装有密封元件，对防止箱内润滑油泄漏，以及外界灰尘、异物进入箱体，具有良好的密封效果。

3. 减速器附件

（1）定位销 在精加工轴承座孔前，在箱盖和箱座的连接凸缘上配装定位销，以保证箱盖和箱座的装配精度，同时也保证了轴承座孔的精度。两定位圆锥销应设在箱体纵向两侧的连接凸缘上，且不宜对称布置，以加强定位效果。

（2）观察孔盖板 为了检查传动零件的啮合情况，并向箱体内加注润滑油，在箱盖的适当位置设置一观察孔。观察孔多为长方形，观察孔盖板平时用螺钉固定在箱盖上，盖板下垫有纸质密封垫片，以防漏油。

（3）通气器　通气器用来沟通箱体内、外的气流，箱体内的气压不会因减速器运转时油温升高而增大，从而提高了箱体分箱面、轴伸端缝隙处的密封性能。通气器多装在箱盖顶部或观察孔盖上，以便箱内的膨胀气体自由溢出。

（4）油面指示器　为了检查箱体内的油面高度，及时补充润滑油，应在油箱便于观察和油面稳定的部位，装设油面指示器。油面指示器分为油标和油尺两类。

（5）放油螺塞　换油时，为了排放污油和清洗剂，应在箱体底部、油池最低位置开设放油孔，平时放油孔用放油螺塞旋紧，放油螺塞和箱体结合面之间应加防漏垫圈。

（6）启盖螺钉　装配减速器时，常常在箱盖和箱座的结合面处涂上水玻璃或密封胶，以增强密封效果，但却给开启箱盖带来困难。为此，在箱盖侧边的凸缘上开设螺纹孔，并拧入启盖螺钉。开启箱盖时，拧动启盖螺钉，迫使箱盖与箱座分离。

（7）起吊装置　为了便于搬运，需在箱体上设置起吊装置。箱盖上设两个吊耳或吊环，用于起吊箱盖。大型的箱座上设有两个吊钩，用于吊运整台减速器。

二、常用螺纹的标注

由于螺纹规定画法不能表示出螺纹种类和螺纹要素，因此，对标准螺纹需用规定的格式和相应的代号进行标注。

标准螺纹的种类、画法、标注法及要点说明见表 1-1。阅读时，要注意识别牙型代号或特征代号、公称直径、线数、螺距（或导程）、旋向、公差带代号和旋合长度等。

表 1-1　标准螺纹的种类、画法、标注法及要点说明

螺纹种类		标注示例	代号的识别	标注要点说明
连接螺纹	普通螺纹（M）	M20-5g6g-S	粗牙普通螺纹，公称直径为 20mm，右旋，中径、顶径公差带分别为 5g、6g，短旋合长度	1. 粗牙螺纹不标注螺距，细牙螺纹标注螺距 2. 右旋省略不注，左旋以"LH"表示（各种螺纹皆如此） 3. 中径、顶径公差带相同时，只标注一个公差带代号 4. 旋合长度分短（S）、中等（N）、长（L）三种，中等旋合长度不标注 5. 螺纹标记应直接注在大径的尺寸线或延长线上
		M20×2-6H-LH	细牙普通螺纹，公称直径为 20mm，螺距为 2mm，左旋，中径、顶径公差带皆为 6H，中等旋合长度	
连接螺纹	非螺纹密封的管螺纹（G）	G1$\frac{1}{2}$A	非螺纹密封的管螺纹，尺寸代号为 $1\frac{1}{2}$，公差等级为 A 级，右旋	1. 非螺纹密封的管螺纹，其内、外螺纹都是圆柱管螺纹 2. 外螺纹的公差等级代号分为 A、B 两级，内螺纹不标记

（续）

螺纹种类			标注示例	代号的识别	标注要点说明
连接螺纹	管螺纹	非螺纹密封的管螺纹（G）	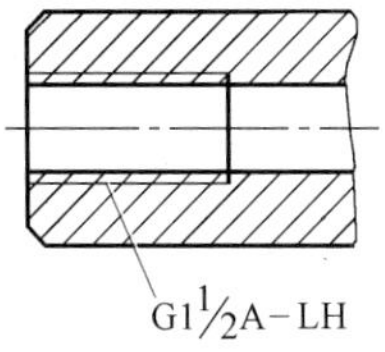G1½A-LH	非螺纹密封的管螺纹，尺寸代号为 $1\frac{1}{2}$，左旋	1. 非螺纹密封的管螺纹，其内、外螺纹都是圆柱管螺纹 2. 外螺纹的公差等级代号分为A、B两级，内螺纹不标记
传动螺纹	梯形螺纹（Tr）		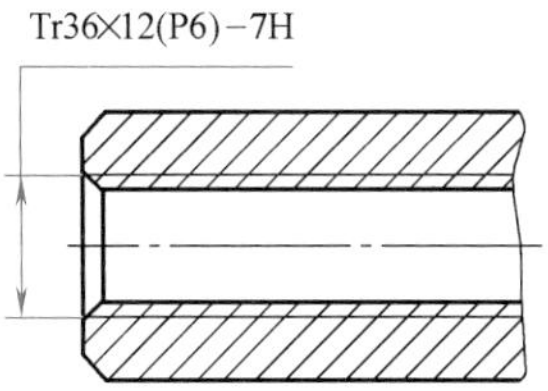Tr36×12(P6)-7H	梯形螺纹，公称直径为36mm，双线，导程12mm，螺距6mm，右旋，中径公差带为7H，中等旋合长度	1. 两种螺纹只标注中径公差带代号 2. 旋合长度只有中等旋合长度（N）和长旋合长度（L）两种 3. 中等旋合长度按规定不标
	锯齿形螺纹（B）		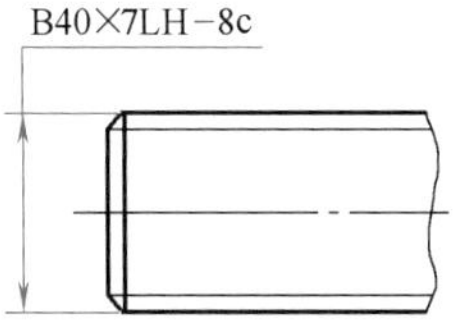B40×7LH-8c	锯齿形螺纹，公称直径为40mm，单线，螺距7mm，左旋，中径公差带为8c，中等旋合长度	

三、螺纹紧固件的标记

不同形式和尺寸大小的螺纹紧固件，在说明书或装配图中，会以不同的标记代号加以区分。GB/T 1237—2000 规定螺纹零件的标记方法有完整标记和简化标记两种，本书采用不同程度的简化标记，有关完整标记的内容和顺序请查阅该国家标准。表 1-2 列出了一些常用的螺纹紧固件的视图、主要尺寸及规定标记示例。

表 1-2　常用螺纹紧固件的视图、主要尺寸及规定标记示例

名称及简图	规定标记示例	名称及简图	规定标记示例
六角头螺栓 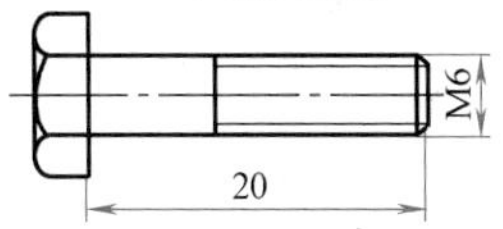M6 20	螺栓　GB/T 5782　M6×20	开槽沉头螺钉 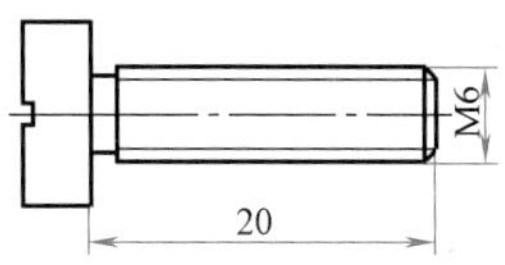M6 20	螺钉　GB/T 67　M6×20
双头螺柱 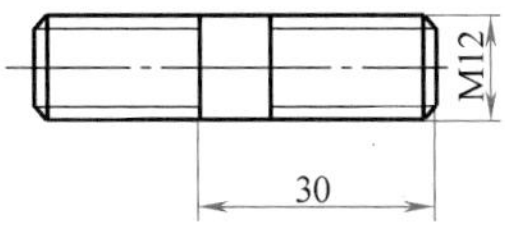M12 30	螺柱　GB/T 899　M12×30	开槽锥端紧定螺钉 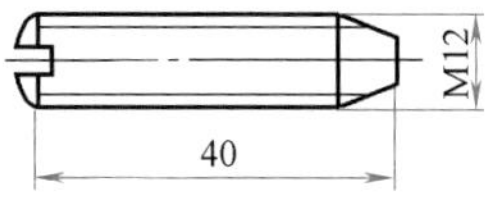M12 40	螺钉　GB/T 71　M12×40
内六角圆柱头螺钉 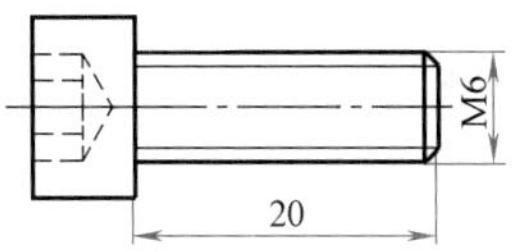M6 20	螺钉　GB/T 70.1　M6×20	1型六角螺母 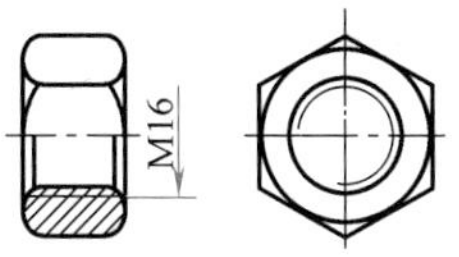M16	螺母　GB/T 6170　M16

从表 1-2 中可以看出：

1）采用现行标准规定的各螺纹连接件时，国家标准中的年号可以省略。

2）在国家标准号后，螺纹代号或公称规格前，要空一格。

3）当性能等级或硬度是标准规定的常用等级时，可以省略不注明；在其他情况下则应注明。

4）当写出了螺纹紧固件的国家标准号后，不仅可以省略年号，还可省略螺纹紧固件的名称，如表 1-2 中开槽锥端紧定螺钉的标记。

【任务实施】

一、工作准备（表 1-3）

表 1-3　工作准备

工具或设备名称	数量	图示
活扳手	1 把/组	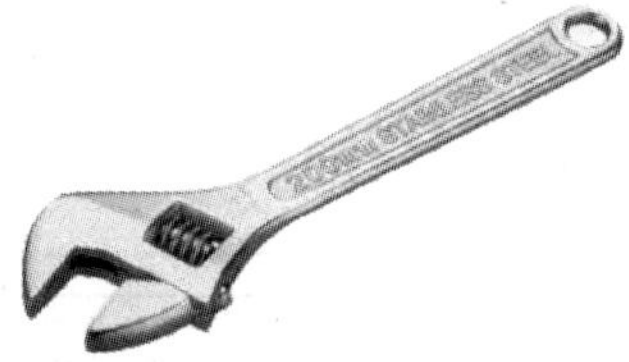
呆扳手	1 套/组	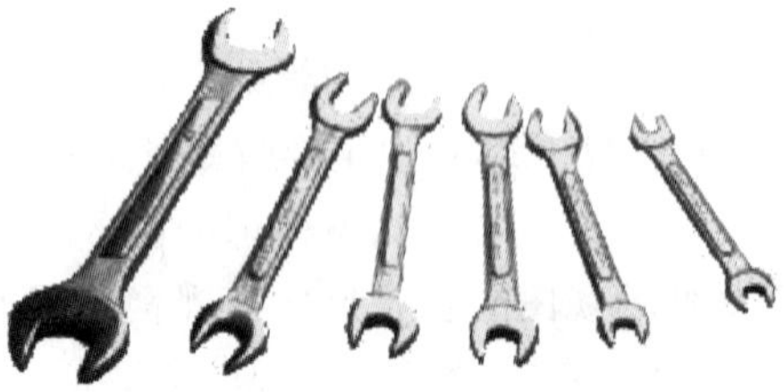
零件搁置盘	1 个/组	
《机械零件设计手册》	1 本/组	

（续）

工具或设备名称	数量	图示
双级圆柱齿轮减速器	1 台/组	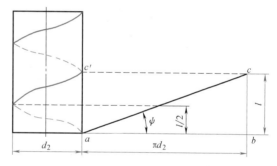

二、实施步骤

1. 检查

检查工具是否齐全、完好。仔细观察减速器箱体外部结构，注意连接螺栓组各零件的装配位置。

2. 拆卸轴承端盖连接螺钉

用活扳手或型号合适的呆扳手依次拧下轴承端盖上的螺钉。

3. 了解螺纹基础知识

（1）螺纹的旋向与线数　将一直角三角形（底边长为 πd_2）绕在一圆柱体（直径为 d_2）上，如图 1-5 所示，使三角形底边与圆柱体底面圆周重合，则此三角形斜边在圆柱体表面形成的空间曲线称为螺旋线。

根据螺旋线的缠绕方向，可将螺纹分为右旋（俗称正扣）和左旋（俗称反扣）。判定方法是，将螺杆（母）的轴线竖起，

图 1-5　螺纹的形成

看过去右高左低即为右旋，反之为左旋。常用螺纹为右旋螺纹，只有在特殊情况下才用左旋螺纹，如汽车左车轮用的螺纹、煤气罐减压阀螺纹等。螺钉的螺纹旋向属于右旋，所以，用扳手拆卸螺钉时应该逆时针转动，才能将螺钉拧松。

根据螺旋线的线数，可分为单线螺纹、双线螺纹和多线螺纹。螺纹的线数和旋向，如图 1-6 所示。观察螺钉，可以确定它的螺纹是单线螺纹。

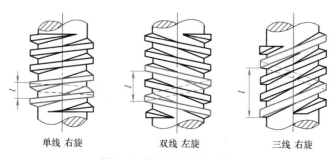

单线 右旋　　　　双线 左旋　　　　三线 右旋

图 1-6　螺纹的线数与旋向

（2）螺纹主要参数（图 1-7）

1）大径（d 或 D）——螺纹的最大直径，即与外螺纹牙顶（或内螺纹牙底）相切的假想圆柱的直径。国家标准规定，普通螺纹的公称直径为螺纹大径。

2）小径（d_1 或 D_1）——螺纹的最小直径，即与外螺纹牙底（或内螺纹牙顶）相切的假想圆柱的直径。螺纹小径是强度计算的依据。

3）螺距（P）——相邻两螺纹牙在中径线上对应点间的轴向距离。

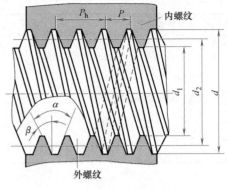

图 1-7 螺纹主要参数

4）线数（n）——形成螺纹的螺旋线的数目。单线螺纹的自锁性较好，多用于连接；双线螺纹和多线螺纹主要用于传动。

5）导程（P_h）——同一条螺旋线相邻两牙在中径线上对应两点间的轴向距离，$P_h = nP$。

6）牙型角（α）——在螺纹牙型上，两相邻牙侧间的夹角。

（3）螺纹的种类 根据螺纹的用途不同，螺纹分为连接螺纹和传动螺纹。螺钉上的螺纹属于连接螺纹。

根据螺纹的牙型不同，螺纹分为普通螺纹（三角形螺纹）、管螺纹、矩形螺纹、梯形螺纹和锯齿形螺纹等，如图 1-8 所示。普通螺纹的牙型角为 60°，牙根强度高、自锁性好，常用于连接。而矩形螺纹、梯形螺纹等因其传动效率高，多用于螺旋传动。

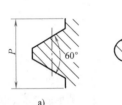 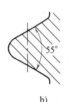 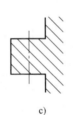 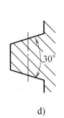 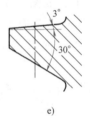

a)   b)   c)   d)   e)

图 1-8 螺纹的牙型

a）普通螺纹 b）管螺纹 c）矩形螺纹 d）梯形螺纹 e）锯齿形螺纹

根据螺旋线所在面不同，螺纹还可分为外螺纹和内螺纹。螺钉上的螺纹就是外螺纹，而螺母上的螺纹为内螺纹。

对于连接螺纹（普通螺纹），又有粗牙螺纹和细牙螺纹之分。公称直径相同时，螺距小的是细牙螺纹。细牙螺纹的螺纹升角小、自锁性最好，螺杆强度较高，适用于受冲击、振动和变载荷的连接以及薄壁零件的连接，但细牙螺纹耐磨性较差，牙根强度较低，易滑扣。对于拆卸的螺钉，其螺纹属于细牙螺纹。

4. 安装轴承盖螺钉

注意正确使用活扳手完成螺钉的安装，应该用扳手顺时针拧动螺钉才能将其拧紧，如图 1-9 所示。

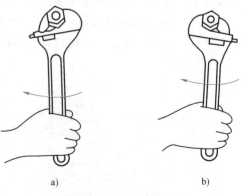

a)   b)

图 1-9 扳手的使用

a）正确使用扳手 b）错误使用扳手

活动二 箱体螺栓连接的拆装

【相关知识】

一、螺纹连接件类型

用螺纹联接起紧固作用的零件称为螺纹紧固件或螺纹连接件。常用的螺纹连接件有螺栓（带螺栓头的螺栓、无螺栓头的双头螺柱）、螺钉、紧定螺钉、螺母、垫圈等。常用螺纹连接件如图 1-10 所示。

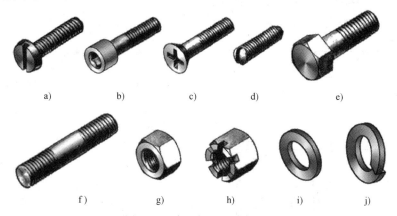

图 1-10 常用螺纹连接件

a）开槽盘头螺钉 b）内六角圆柱头螺钉 c）十字槽沉头螺钉 d）开槽锥端紧定螺钉 e）六角头螺栓
f）双头螺柱 g）Ⅰ型六角螺母 h）六角开槽螺母 i）平垫圈 j）弹簧垫圈

螺纹连接件的结构和尺寸均已标准化，并由有关专业工厂大量生产，使用时，根据国家标准选用十分便利。常用螺纹连接件的结构特点及应用见表 1-4。

表 1-4 常用螺纹连接件的结构特点及应用

类型	图　　例	结构特点及应用
六角头螺栓		种类很多,应用最广,分为 A、B、C 三级,通用机械制造中多用 C 级,螺栓杆部可制出一段螺纹或全螺纹,螺纹可用粗牙或细牙(A、B 级)
双头螺柱		螺柱两端都有螺纹,两端螺纹可相同或不同,螺柱可带退刀槽或制成全螺纹,螺柱的一端常用于旋入铸铁或有色金属的螺孔中,旋入后不拆卸;另一端则用于安装螺母以固定其他零件

（续）

类型	图　例	结构特点及应用
螺钉	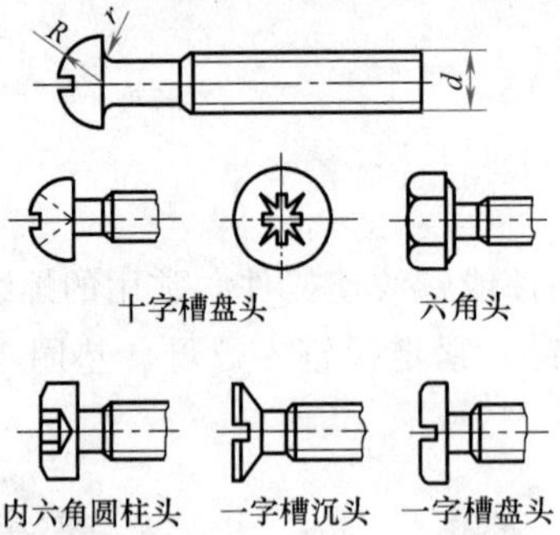 十字槽盘头　　六角头 内六角圆柱头　一字槽沉头　一字槽盘头	螺钉头部形状有六角头、圆柱头、圆头、盘头和沉头等,头部旋具(起子)槽有一字槽、十字槽和内六角孔等形式。十字槽螺钉头部强度高,对中性好,易于实现自动化装配;内六角孔螺钉能承受较大的扳手力矩,连接强度高,可代替六角头螺栓,用于要求结构紧凑的场合
紧定螺钉	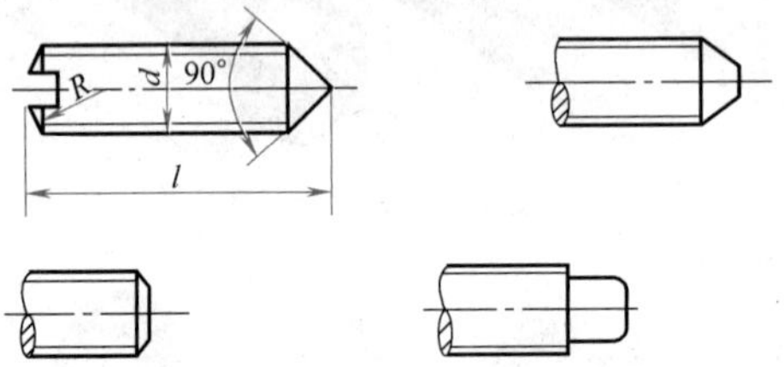	紧定螺钉的末端形状,常用的有锥端、平端和圆柱端。锥端适用于被顶进零件的表面硬度较低或不经常拆卸的场合;平端接触面积大,不伤零件表面,常用于顶进硬度较大的平面或经常拆卸的场合;圆柱端压入轴上的凹坑中,适用于紧定空心轴上的零件位置
六角螺母	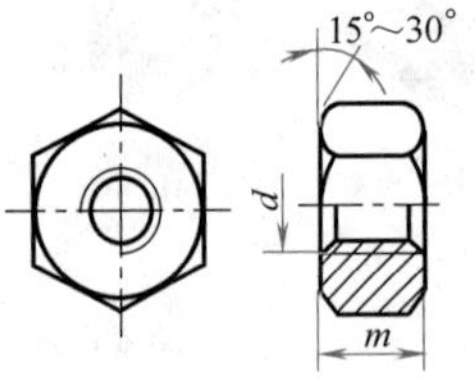	根据六角螺母厚度的不同,分为标准、厚、薄三种。六角螺母的制造精度和螺栓相同,分为 A、B、C 三级,分别与相同级别的螺栓配用
圆螺母	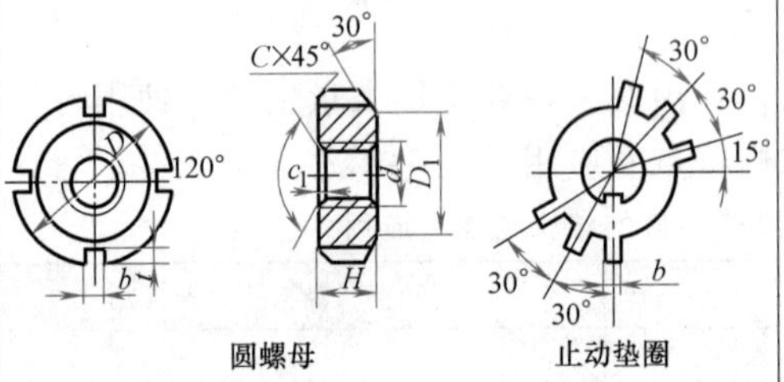 圆螺母　　　　止动垫圈	圆螺母常与止动垫圈配用,装配时将垫圈内舌插入轴上的槽内,而将垫圈的外舌嵌入圆螺母的槽内,螺母即被锁紧。它常作为轴上零件的轴向固定用
垫圈	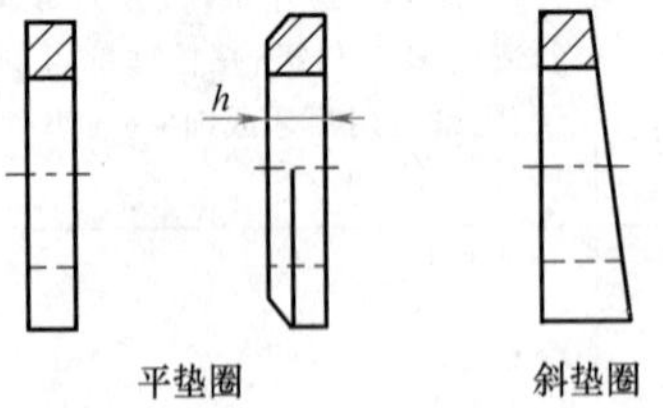 平垫圈　　　　斜垫圈	垫圈是螺纹连接中不可缺少的零件,常放置在螺母和被连接件之间,起保护支承面等作用。平垫圈按加工精度分为 A 级和 C 级两种,用于同一螺纹直径的垫圈又分为特大、大、普通和小四种规格,特大垫圈主要在铁木结构上使用,斜垫圈只用于倾斜的支承面上
弹簧垫圈	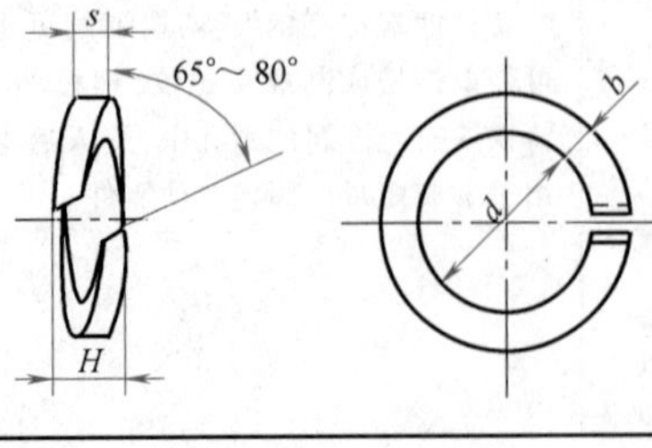	弹簧垫圈安置在螺母下面,用来防止螺母松动。该方式结构简单,使用方便。但在冲击、振动的工作条件下,其防松效果较差,一般用于不甚重要的场合

二、螺纹连接的类型

螺纹连接具有结构简单、装拆方便、连接可靠等特点。其连接类型的结构形式及应用特点见表1-5。

螺纹连接的主要类型包括：普通螺栓连接、铰制孔用螺栓连接（又称配合螺栓连接）、双头螺柱连接、螺钉连接及紧定螺钉连接等。在减速器箱体上，有两种形式的螺纹连接，即箱盖与箱座之间采用了若干组螺栓连接，轴承端盖与箱体座孔端面之间采用了螺钉连接。这两种形式的螺纹连接符合表1-5中所述螺纹连接类型应用的特点。

表1-5　螺纹连接的主要类型

类型	构　造	特点及应用
螺栓连接	普通螺栓连接	螺栓穿过被连接件的通孔，与螺母组合使用，装拆方便，成本低，不受被连接件材料限制。广泛用于传递轴向载荷且被连接件厚度不大，能从两边进行安装的场合
螺栓连接	铰制孔用螺栓连接	螺栓穿过被连接件的铰制孔并与之过渡配合，与螺母组合使用，适用于传递横向载荷或需要精确固定被连接件的相互位置的场合
双头螺柱连接		双头螺柱的一端旋入较厚被连接件的螺纹孔中并固定，另一端穿过较薄被连接件的通孔，与螺母组合使用，适用于被连接件之一较厚、材料较软且经常装拆、连接紧固或紧密程度要求较高的场合
螺钉连接		螺钉穿过较薄被连接件的通孔，直接旋入较厚被连接件的螺纹孔中，不用螺母，结构紧凑，适用于被连接件之一较厚、受力不大、不经常装拆、连接紧固或紧密程度要求不太高的场合

（续）

类型	构　造	特点及应用
紧定螺钉连接		紧定螺钉旋入一被连接件的螺纹孔中，并用尾部顶住另一被连接件的表面或相应的凹坑中，固定它们的相对位置，还可传递不大的力或转矩

三、螺纹连接的预紧与防松

1. 螺纹连接的预紧

螺纹连接在实际安装中使用时，可分为紧连接与松连接。大多数螺纹连接都需要拧紧，使连接在承受工作载荷之前，预先受到力的作用，一般称为紧连接。少数螺纹连接不需要拧紧，螺钉或螺栓不受预紧力，称为松连接。

预紧可以增强连接的紧固性、紧密性和可靠性，防止受载后被连接件间出现缝隙或发生相对运动。预紧力使螺栓承受拉力，预紧力要适当，既不使螺栓过载，又保证连接所需的预紧力。对于重要的螺纹连接，应控制其预紧力，因为预紧力的大小对螺纹的可靠性、强度和密封性均有很大的影响。通常限制预紧力的方法有：采用指针式扭力扳手或预置式定力矩扳手，如图 1-11 所示；对于重要的连接，采用测量螺栓伸长法检查。

对于减速器箱体的螺纹连接，可以通过扳手预紧来达到连接紧固性和可靠性的要求。

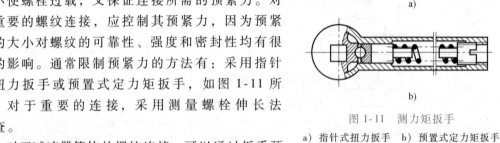

a)

b)

图 1-11　测力矩扳手
a) 指针式扭力扳手　b) 预置式定力矩扳手

2. 螺纹连接的防松

螺纹连接的防松原理主要有两种：一是摩擦力防松；二是机械防松。具体结构形式和应用特点见表 1-6。

表 1-6　螺纹连接的防松方法

防松方法		结构形式	特点和应用
摩擦力防松	对顶螺母	副螺母 主螺母	两螺母对顶拧紧后，使旋合螺纹间始终受到附加的压力和摩擦力的作用，从而起到防松的目的。该方式结构简单，适用于平稳、低速和重载的固定装置上的连接，但周向尺寸较大

（续）

防松方法		结构形式	特点和应用
摩擦力防松	弹簧垫圈	 弹簧垫圈	螺母拧紧后，靠垫圈被压平产生的弹簧弹性反力使旋合螺纹间压紧，同时垫圈斜口的尖端抵住螺母与被连接件的支承面也有防松作用。该方式结构简单、使用方便。但在冲击、振动的工作条件下，其防松效果较差，一般用于不甚重要的场合
	自锁螺母	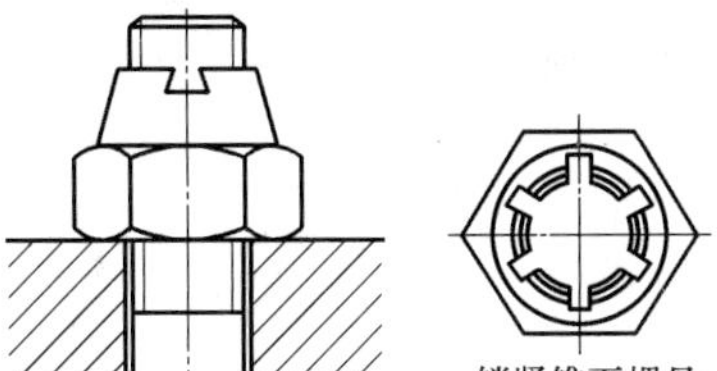 锁紧锥面螺母	螺母一端制成非圆形收口或开缝后径向收口。当螺母拧紧后，收口胀开，利用收口的弹力使旋合螺纹压紧。该方式结构简单、防松可靠，可多次装拆而不降低防松能力
机械防松	开口销与六角开槽螺母防松	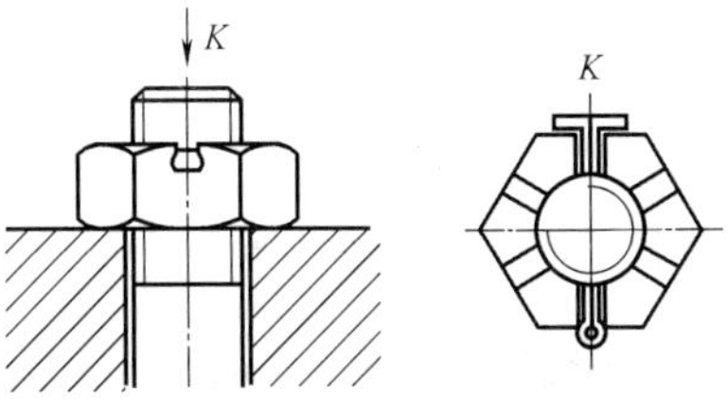 K　　　K	将开口销穿入螺栓尾部销孔和螺母槽内，并将开口销尾部掰开与螺母侧面贴紧，靠开口销阻止螺栓与螺母相对转动以防松。该方式适用于有较大冲击、振动的高速机械中
	止动垫圈	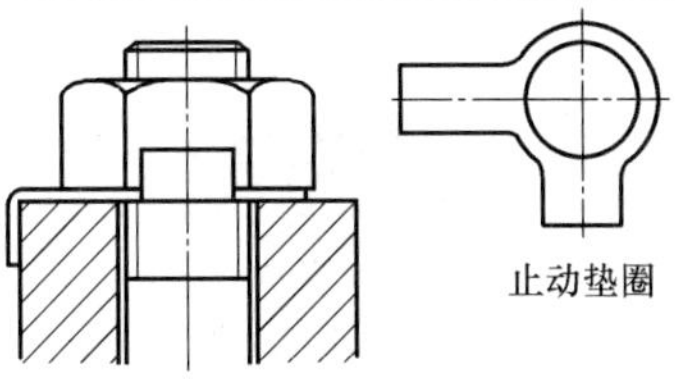 止动垫圈	螺母拧紧后，将单耳或双耳止动垫圈上的耳分别向螺母和被连接件的侧面折弯贴紧，即可将螺母锁住。该方式结构简单、使用方便、防松可靠
	串联钢丝	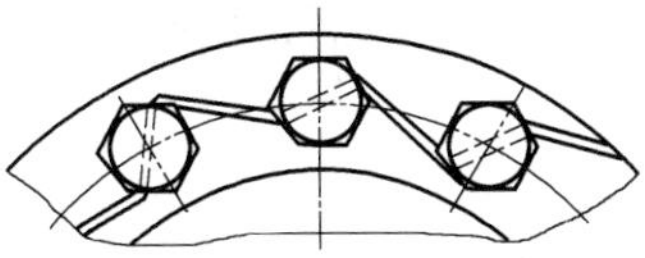 a) 正确 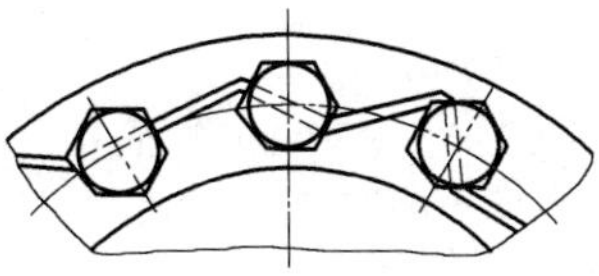 b) 不正确	用低碳钢丝穿入各螺钉头部的孔内，将各螺钉串联起来使其相互制约，使用时必须注意钢丝的穿入方向。该方式适用于螺钉组连接，其防松可靠，但装拆不方便
其他方法防松	粘结剂	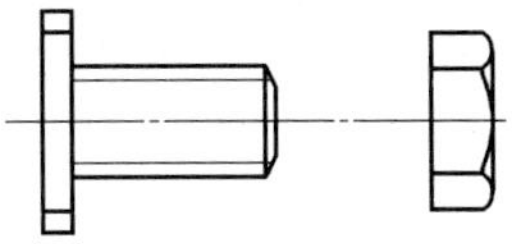	将粘结剂涂于螺纹旋合表面，拧紧螺母后粘结剂能自动固化。该方法防松效果良好，但不便拆卸
	冲点	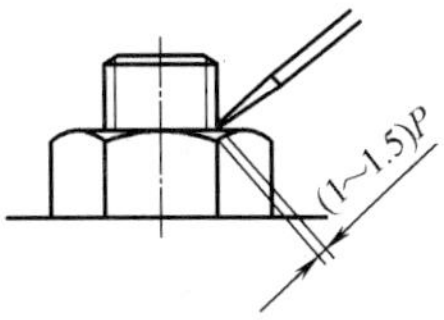 $(1\sim1.5)P$	在螺纹件旋合好后，用冲头在旋合缝处或在端面冲点防松。这种防松方法效果很好，但此时螺纹连接成了不可拆连接

【任务实施】

一、工作准备（表 1-7）

表 1-7　工作准备

工具或设备名称	数量	图示
活扳手	1 套/组	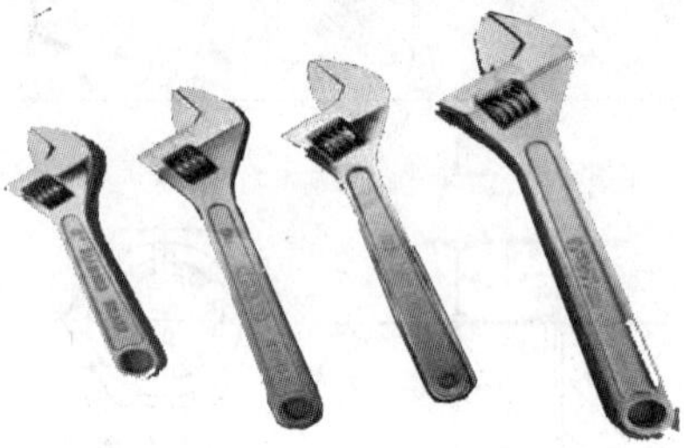
呆扳手	1 套/组	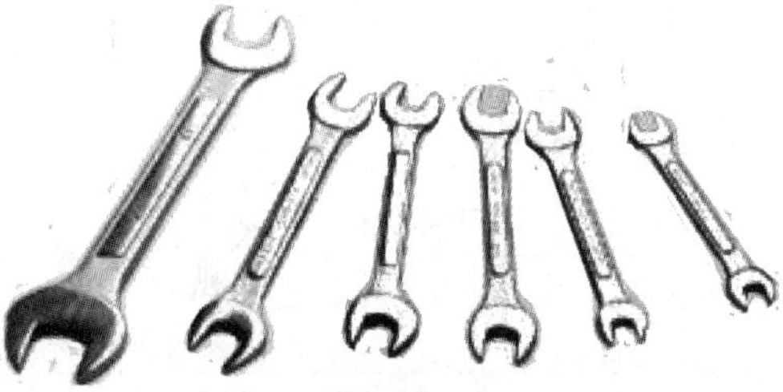
《机械零件设计手册》	1 本/组	
双级圆柱齿轮减速器	1 台/组	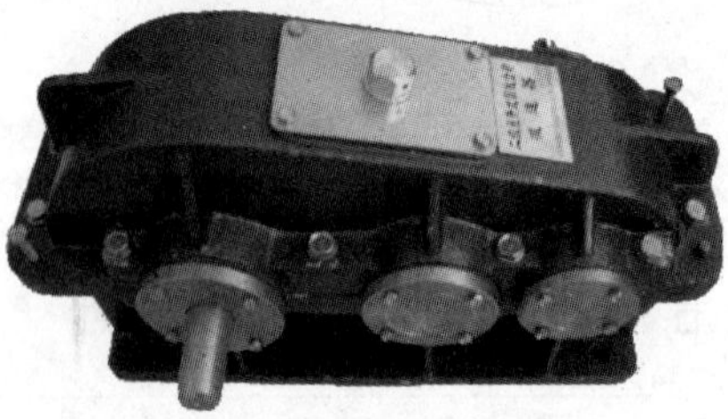

二、实施步骤

1. 检查

检查工具是否齐全、完好。注意观察减速器箱体连接螺栓组各零件的装配位置。

2. 拆卸箱体连接螺栓组

完成减速器箱体的拆卸任务，就是要将减速器的箱盖与箱座拆开。由于箱盖与箱座之间

采用了若干组螺纹零件紧固（螺栓、螺母、垫
片等），所以，必须对它们实施拆卸。用扳手拆
卸上、下箱体之间的连接螺栓及轴承旁的连接
螺栓组，可以使用扳手上下配合实施拆卸，如
图 1-12 所示。将所有拆卸下来的螺栓、垫片、
螺母、弹簧垫圈分类放在盘中，以免丢失。

3. 认识螺纹连接件

减速器箱盖和箱座之间采用了若干组螺纹
连接，所有的轴承端盖与箱体座孔之间均采用
了成组螺纹零件进行紧固。常用的螺纹连接件
有螺栓、螺母、螺钉、双头螺柱、垫片等。

图 1-12　扳手上下配合拆卸螺栓连接

4. 认识螺纹连接的类型

螺纹连接由螺纹连接件（紧固件）与被连
接件构成，是一种应用广泛的可拆卸连接。螺纹连接的主要类型包括：普通螺栓连接、铰制
孔用螺栓连接（又称配合螺栓连接）、双头螺柱连接、螺钉连接及紧定螺钉连接等。在减速
器箱体上，可以发现有两种形式的螺纹连接，即箱盖与箱座之间采用了若干组螺栓连接，轴
承端盖与箱体座孔端面之间采用了螺钉连接。

螺纹连接类型可以用装配图表示。图 1-13a 所示为上下箱体螺栓连接装配示意图；图
1-13b所示为箱体轴承旁螺栓连接装配示意图。

5. 了解螺纹连接的防松方法

在减速器箱体上，箱盖与箱座之间的螺栓连接组件中，除了螺栓、螺母、平垫圈外，还
有弹簧垫圈，如图 1-14 所示。弹簧垫圈与螺母直接接触，而平垫圈则与减速器箱体接触。
弹簧垫圈的作用是防止螺母松动，平垫圈既能增加螺母与减速器箱体的支承面面积，以减小
接触处的压强，同时还可避免拧紧螺母时擦伤箱体表面。

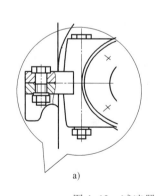
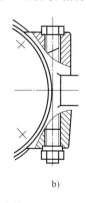

图 1-13　减速器箱体的螺纹连接

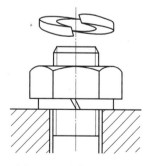

图 1-14　弹簧垫圈防松

常用连接螺纹件都是单线螺纹，自锁性好，在静载荷、工作温度变化不大时，螺纹连接
件不会自行松脱。但在冲击、振动、变载荷作用下或当工作温度变化很大时，螺纹中的摩擦
阻力会降低或消失，使连接松脱造成很大危害，所以必须采取有效的防松措施。齿轮减速器
的工作环境存在诸多不确定因素，如工作过程中出现变载荷、温差变化大、时有振动载荷等

现象，这都需要考虑在减速器上对螺纹连接实施防松措施，以确保机器正常工作。

6. 安装减速器箱体螺栓

用扳手拧紧减速器箱盖与箱座连接处的螺栓和螺母。注意：在螺栓连接组件中，平垫圈与弹簧垫圈的安装位置。

一般情况下，在载荷比较小、不承受振动载荷的情况下可以只用平垫圈。在载荷比较大以及承受振动载荷的情况下，必须用平垫圈、弹簧垫圈组合。平垫圈的作用是增大受力面积，弹簧垫圈的作用是防松，因此弹簧垫圈应该安装在螺母与平垫圈之间。

7. 整理现场

箱体螺栓连接安装完毕，整理工具，清理场地。

8. 注意事项

1）切勿盲目拆装。拆卸前要仔细观察零件的结构及位置，考虑好拆装顺序，拆下的零件要统一放在盘中，以免丢失和损坏。

2）爱护工具及设备。小心仔细完成拆与装，轻拿轻放，避免损坏工具及设备。

任务二　销的拆装

【任务描述】

本任务主要是通过拆装双级圆柱齿轮减速器箱体上的零件——销，掌握销的类型、结构及应用特点，识读销连接图，了解销连接的典型使用。

【任务分析】

对销的认识应将实物和连接装配图（即螺纹连接组件的示意图）结合起来，并通过对减速器箱体上的定位销的认识，逐步了解零件销的其他类型与功用；销的拆卸需要使用胶木槌等拆装工具；零件销的用途和销连接装配图应相互对照，以完成对零件销的认识与学习。

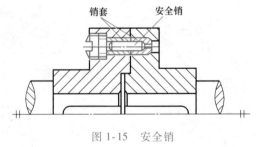

图 1-15　安全销

【相关知识】

销分为圆柱销、圆锥销和开口销等，它们主要起定位和连接的作用，并可传递较小的载荷。销还可用作安全装置中的过载剪断元件，称为安全销，如图 1-15 所示。表 1-8 列出了三种常用销的特点和应用。

表 1-8　三种常用销的特点和应用

类型和标准	图　例	特　点	应　用
圆柱销 GB/T 119.1—2000 GB/T 119.2—2000	$\sqrt{Ra\,1.6}$　d　L	销孔需铰制，过盈紧固，定位精度高	主要用于定位，也可用于连接

（续）

类型和标准	图　例	特　点	应　用
圆锥销 GB/T 117—2000	1:50　Ra 1.6　d　l	销孔需铰制,比圆柱销定位精度更高,安装方便,可多次装拆	主要用于定位,也可用于固定零件,传递动力
开口销 GB/T 91—2000	l　a　d	工作可靠,拆卸方便,用于防止螺母或销松脱	用于固定其他紧固件,与槽形螺母配合使用

　　连接销能承受较小的载荷,常用于轻载或非动力传输结构。

　　开口销实物如图 1-16 所示,它多与槽形螺母配合使用,用于防止螺母松脱。如果要使用开口销,应使用完好的新销子,直径应与销孔吻合。安装后,开口销的头部应沉入槽形螺母的切槽中,尾部应分开并紧贴螺母,最后用手晃动开口销进行检查,这时开口销应以不能被晃动为好。注意,有些重要零件上装有的开口销只能使用一次,如连杆螺栓、调速器飞锤等的开口销,一经拆卸,开口销受折变形,其强度就会减弱,若继续使用,在离心力作用下,开口销易断裂脱落,造成机械事故。

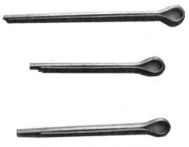

图 1-16　开口销实物图

【任务实施】

一、工作准备（表 1-9）

表 1-9　工作准备

工具或设备名称	数量	图示
胶木槌	1 把/组	
零件搁置盘	1 个/组	

（续）

工具或设备名称	数量	图示
《机械零件设计手册》	1 本/组	
双级圆柱齿轮减速器	1 台/组	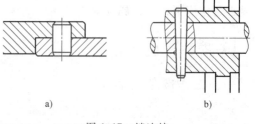

二、实施步骤

1. 拆卸前准备工作

拆卸前观察减速器上销的位置，了解销的作用。

销常用来确定零件间的相互位置，也可用于两零件间的连接。销连接如图 1-17 所示。显然，减速器上的销起定位作用，所以称为定位销，如图 1-17a 所示。定位销一般不承受载荷或只承受很小的载荷，平面定位时其数目不得少于两个。

做好拆卸前的准备工作，检查工具、设备是否齐全、完好。仔细观察减速器箱体结构，注意定位销的数量与其所在的位置。

图 1-17　销连接

减速器箱盖与箱座连接处定位销的作用是防止结合面错位，并且在安装时对中箱盖与箱座上的螺栓孔（不起固定作用），以达到精确的配合。定位销有圆柱销与圆锥销两种类型，均为标准件。为便于拆卸，常采用圆锥销，如图 1-17b 所示。

由于定位销是用于减速器上、下箱体安装时确保装配精度而设置的，因此要采用两个定位销。采用一个销定位时，可以固定箱盖与箱座，防止其平移；采用两个销定位时，则限制了平移和旋转。两个定位销的相对位置应尽可能远离。两个销离得越远，销与孔的配合间隙对箱盖与箱座的装配精度影响越小。所以，在减速器箱体上，两个定位销是以上、下箱体结合面的最大距离——对角线进行设置的。

2. 拆卸定位销

拆卸定位销时，用相同直径的旧销和胶木槌轻轻敲击即可，取出后将其放置在零件搁置盘中。圆锥销的锥度为 1∶50，拆卸时应用合适的工具在小端敲击（即从减速器上、下箱体结合处的下端往上敲击），不要弄错方向。圆锥销和圆柱销通常用中碳钢材料经过适当热处理工艺而制成。

3. 安装定位销

用胶木槌将两个定位销分别轻轻敲入减速器上箱盖的定位销孔内，注意小端向下，再将箱盖与箱座轻轻贴合，让定位销与箱座的定位销孔对准装入，以实现箱体安装的定位作用。

项目评价标准（表1-10）

表1-10 项目评价标准

评价内容		评价要点	评价标准
知识	减速器箱体结构	1. 减速器整体构造 2. 减速器各组成部分的名称与作用	1. 能否正确描述减速器整体的构造 2. 能否正确指出减速器各个组成部分的作用与名称
	螺纹	1. 螺纹主要参数与旋向 2. 螺纹类型与标注	1. 能否正确区分螺纹的旋向 2. 能否正确说明螺纹参数的意义 3. 能否正确区分不同类型螺纹的标注
	螺纹连接件	1. 螺纹零件种类 2. 标记含义	1. 能否正确识别螺纹零件的类别 2. 能否正确识读螺纹零件的标记含义
	螺纹连接	1. 螺纹连接的类型 2. 螺纹连接装配图 3. 螺纹连接的预紧与防松	1. 能否正确区分螺纹连接的类型及其应用特点 2. 能否正确识读不同类型的螺纹连接装配图 3. 能否正确区分螺纹连接的防松方法及其特点
	销	1. 销的功用 2. 销的类型与应用特点	1. 能否正确描述销的功用 2. 能否正确区别销的类型及其应用特点
能力	螺纹连接件的拆装	1. 工具的使用 2. 螺纹连接的拆装方法	1. 活扳手、呆扳手等工具的正确使用 2. 螺栓连接的正确拆装与弹簧垫的安装
	螺纹零件的识别	螺纹零件的不同类别（防松零件）	能否正确识别各种不同类别的螺纹连接件
	销的拆装	1. 工具的使用 2. 圆锥销的拆装方法	1. 胶木槌等工具的正确使用 2 圆锥销的正确拆装与注意事项
素质		1. 安全意识 2. "5S"意识 3. 团队合作意识	1. 服装、鞋帽等是否符合工作现场要求 2. 是否按安全要求规范使用工具 3. 工作现场是否进行整理并达到"5S"要求 4. 遇到问题是否发挥团队合作精神

项目二

双级圆柱齿轮减速器轴系零部件的拆装

【项目描述】

双级圆柱齿轮减速器在机器设备中被广泛采用，它是由封闭在箱体内的齿轮传动组成的独立部件，主要包括输入轴系、中间轴系和输出轴系，三个轴系所用零件基本相同，常用的轴系零部件主要包括轴承、齿轮、键等，如图 2-1 所示。本项目主要完成双级圆柱齿轮减速器输出轴上滚动轴承的拆卸更换、齿轮的拆装清洗及键的拆装。

本项目包括三个任务。

图 2-1　轴系零部件

$$\text{轴系部件拆装}\begin{cases} \text{任务一　轴承的拆装} \\ \text{任务二　齿轮的拆装} \\ \text{任务三　键的拆装} \end{cases}$$

任务一　轴承的拆装

【任务描述】

本任务主要是拆装双级圆柱齿轮减速器输出轴上的滚动轴承。通过对滚动轴承的拆装，掌握轴的类型、结构，学会识读阶梯轴的视图，掌握滚动轴承的类型、结构、特点。了解滚动轴承代号的规定，掌握滚动轴承的规定画法，了解滚动轴承的润滑知识，熟练地完成滚动轴承的拆装。

【任务分析】

轴是机器中的重要零件，但轴不是标准件。因此对轴的认识需要从实物和零件图两个角度进行分析，以图 2-2 所示的阶梯轴为例，参照实物读懂机械零件图。

轴承是用来支承轴的。滚动轴承的拆装需要使用顶拔器、锤子、铜棒、套筒等拆装工具，拆装时要注意轴承上受力点的位置。图 2-3 所示的滚动轴承是标准件，因此，对滚动轴承的认识要结合国家标准，将实物结构和标准件图相互比较进行理解。

图 2-2　阶梯轴

图 2-3　滚动轴承

活动一　认　识　轴

【相关知识】

一、轴的相关知识

1. 轴的类型与应用

（1）按所受载荷分类　轴可分为心轴、传动轴和转轴。

1）心轴。只承受弯矩的轴称为心轴。心轴只用于支承零件而不传递转矩。心轴可以转动，称为转动心轴，如铁路机车车辆的车轴，如图 2-4 所示；心轴也可以不转动，称为固定心轴，如自行车前轮轴，如图 2-5 所示。

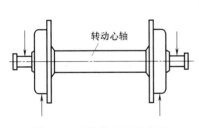

图 2-4　铁路机车辆的车轴

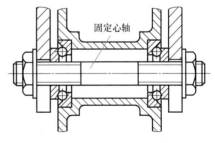

图 2-5　自行车前轮轴

2）传动轴。只承受转矩的轴称为传动轴，如汽车变速器与后桥之间的传动轴，如图 2-6所示。

3）转轴。既承受弯矩又承受转矩的轴称为转轴，如齿轮变速器中的转轴，如图 2-7 所示。

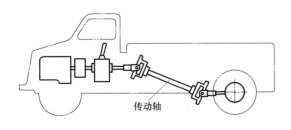

图 2-6　传动轴

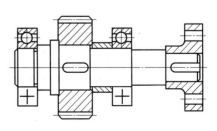

图 2-7　转轴

（2）按轴线几何形状分类 轴可分为曲轴、挠性轴和直轴。

1）曲轴。曲轴常用于往复式机械，如曲柄压力机、内燃机中。常见的曲轴如图 2-8 所示。

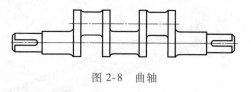

图 2-8 曲轴

2）挠性轴。挠性轴是按使用要求变化轴线形状的轴，如图 2-9 所示，常用于建筑机械中的捣振器、汽车中的里程表等。

3）直轴。直轴按外形分为光轴、阶梯轴两类，如图 2-10 所示。

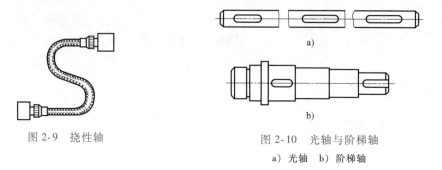

图 2-9 挠性轴

图 2-10 光轴与阶梯轴
a）光轴 b）阶梯轴

2. 轴上零件的固定

（1）轴上零件的轴向固定 零件在轴上做轴向固定是为了防止零件做轴向移动，并将作用在零件上的轴向力通过轴传递给轴承。常用的轴向固定方法有以下几种。

1）轴肩和轴环。利用轴肩或轴环来固定轴上零件是最方便而有效的方法，同时轴肩和轴环也是零件在轴上轴向定位的基准。如图 2-11 所示的齿轮 2 左侧的定位与固定。

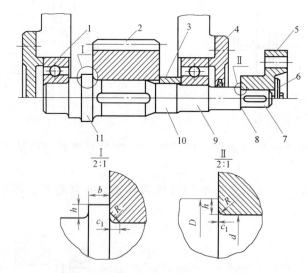

图 2-11 典型阶梯轴结构示例

1—滚动轴承 2—齿轮 3—套筒 4—轴承盖 5—联轴器 6—轴端挡圈
7—轴头 8—轴肩 9—轴颈 10—轴身 11—轴环

2）轴端挡圈与圆锥面（见图 2-12）。两者均适用于轴伸端零件的轴向固定。轴端挡圈和轴肩，或圆锥面与轴端压板联合使用，使零件获得双向轴向固定。轴端挡圈可承受剧烈振动和冲击载荷。圆锥面能消除轴与轮毂间的径向间隙，装拆方便，可兼作周向固定，能承受冲击载荷。

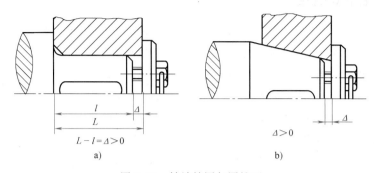

图 2-12 轴端挡圈与圆锥面

a）轴端挡圈 b）圆锥面

3）圆螺母与定位套筒。

圆螺母常用于零件与轴承间距离较大，且允许切制螺纹的轴段。其特点是固定可靠、装拆方便，可承受较大的轴向力。由于有止动垫圈，故能可靠地防松。圆螺母的缺点是由于在轴上切制螺纹，轴的疲劳强度被较大的削弱。常见圆螺母如图 2-13 所示。

当两个零件间的距离不大时，可采用套筒作轴向固定，如图 2-14 所示。这种方法能承受较大的轴向力，且定位可靠、结构简单、装拆方便。还可以减少轴的阶梯数量，避免因切制螺纹而削弱轴的强度。轴的转速很高时不宜采用定位套筒。

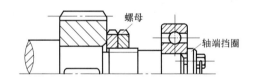

图 2-13 圆螺母

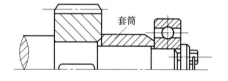

图 2-14 定位套筒

4）弹性挡圈与紧定螺钉。弹性挡圈与紧定螺钉均适用于轴向力很小或仅仅为了防止零件偶然沿轴向移动的场合。

弹性挡圈常与轴肩联合使用，对轴上零件（常用于滚动轴承）实现双向固定，如图2-15所示。

紧定螺钉多用于光轴上零件的轴向固定，还可兼作周向固定，如图 2-16 所示。

（2）轴上零件的周向固定 轴上零件的周向固定是为了防止零件与轴产生相对转动。常采用键、花键、销及过盈配合进行固定。

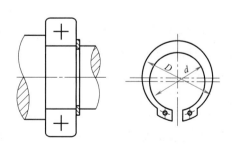

图 2-15 弹性挡圈

过盈配合是利用零件轮毂孔与轴之间的配合过盈量在配合表面间产生的压力，使零件实现周向固定，可同时使零件轴向固定。选择不同的过盈配合，可获得不同的连接强度。

二、机件的表达方法

1. 三视图

（1）投影法的基本概念　在日常生活中，我们经常会遇到投影的现象，例如，人在日光的照射下，地面上就会留下自己的影子。例如图2-17中，用双手摆出一个造型，在灯光的照射下，手后面的墙上会留下这个造型的影子，这些都是投影的现象。人们根据这一自然现象，经过科学的抽象，弄清了影子与物体间的几何关系，建立了一种实用的、用投影图表达空间物体的方法——投影法。

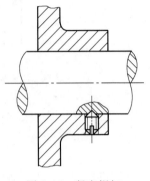

图 2-16　紧定螺钉

投影法是由投射中心发射的投射线经过物体，向选定的平面进行投影，并在该面上得到图形的方法。根据投影法所得到的图形称为投影图，简称投影。

如图2-18所示，光源 S 称为投射中心，由光源 S 发出的光线 SA、SB、SC、SD 称为投射线，选定的平面 P 称为投影面，$abcd$ 称为平面 $ABCD$ 的投影。

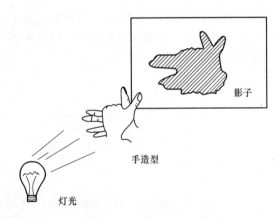

图 2-17　投影现象

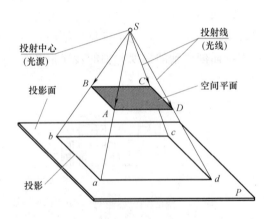

图 2-18　投影图

投射线与投影面相互垂直的投影法，称为正投影法。根据正投影法得到的图形称为正投影图，简称正投影，如图2-19所示。

由于正投影不会因为光源、物体和投影面之间的相对位置改变而改变，能够真实地反映物体的形状和大小，并且度量性好，作图简单。因此，机械制图中主要采用正投影的方法来绘制图样。在后续项目中所述的"投影"，一般为"正投影"。

（2）三投影面体系的建立　由正投影的形成过程

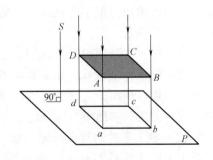

图 2-19　正投影

可知，只要投影面确定，形体的位置确定，那么正投影就唯一确定。但是只有物体一个方向的投影能否反映物体的结构形状呢？如图2-20所示，对三个不同形状的物体进行一个方向的投影，得到的图形是相同的，可见，只有一个投影是不能全面、准确地反映出物体的形状和大小的，因此，人们采用增加投影面，组成投影面体系以得到一组投影的方法来准确、清晰地表达物体的形状。

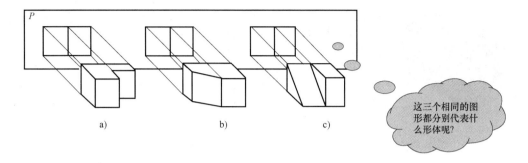

图 2-20　不同物体的一面视图

确定物体的空间位置的三个坐标轴 OX、OY、OZ 两两相互垂直，并分别构成了三个平面 XOY、XOZ、YOZ，由这三个两两相互垂直的平面组成的投影面体系称为三投影面体系，如图 2-21 所示。

三个投影面分别为：

1）正立投影面——XOZ 平面，处于正立位置，简称正面，用 V 表示。

2）水平投影面——XOY 平面，处于水平位置，简称水平面，用 H 表示，与正面垂直。

3）侧立投影面——YOZ 平面，处于侧立位置，简称侧面，用 W 表示，同时垂直于正面与水平面。

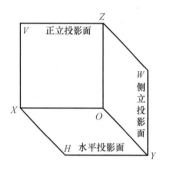

图 2-21　三投影面体系

每两个投影面之间的交线称为投影轴，分别用 OX、OY、OZ 表示，简称 X 轴、Y 轴、Z 轴。三条相互垂直的投影轴的交点称为原点，用 O 表示。

三投影面体系由此建立起来，我们就可以将物体放置在该体系中对其进行三个方向的投影。

（3）物体在三投影面体系中的投影　将图 2-22a 所示物体放置在三投影面体系中，按正投影的方法向各投影面投射，即可分别得到正面投影、水平投影和侧面投影。在机械制图中，可把人的视线设想成一组平行的投射线，沿着三个不同的方向观察物体，物体在投影面上的投影称为视图，如图 2-22b 所示。那么这三个投影面上的投影分别为（见图 2-22c）：

主视图——由前向后投射在正面上的视图。

俯视图——由上向下投射在水平面上的视图。

左视图——由左向右投射在侧面上的视图。

为了便于画图和看图，须让三个视图摊平到同一个平面上，那么就要将三个相互垂直的投影面展开为同一个平面，展开方法如图 2-23a 所示。

（4）三视图投影规律　分析图 2-23c 所示物体的三视图，可得出三视图的普遍规律。

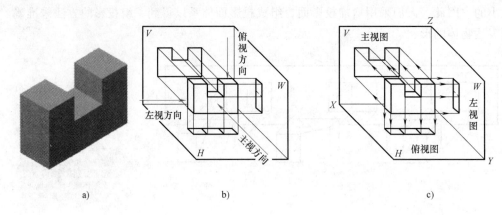

图 2-22 三投影面体系

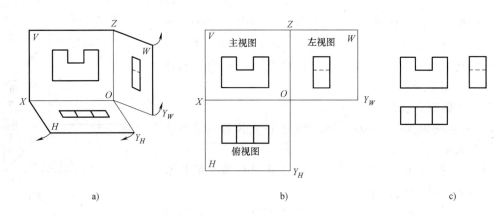

图 2-23 三视图的形成过程

从三视图的形成过程可以看出，俯视图在主视图的正下方，左视图在主视图的正右方。每个物体都有长、宽、高三个方向的尺寸，如图 2-24a 所示。通常规定物体左右之间的距离视为长，前后之间的距离视为宽，上下之间的距离视为高。

由图 2-24b 可看出，一个视图只能反映物体两个方向的尺寸：主视图反映物体的长和高；俯视图反映物体的长和宽；左视图反映物体的高和宽。由于三视图体现的是同一形体，只是观察方向发生变化，因此，主、俯视图同时反映物体的长度（长对正），主、左视图同时反映物体的高度（高平齐），俯、左视图同时反映物体的宽度（宽相等）。

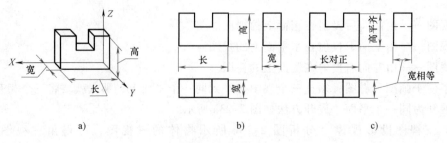

图 2-24 三视图的投影对应关系

通过以上分析，三视图之间的投影关系可概括为：主、俯视图长对正；主、左视图高平齐；俯、左视图宽相等。

图 2-24c 所示的"长对正、高平齐、宽相等"的投影对应关系是三视图的重要特征，也是画图和读图的基本原则和依据。

应特别注意的是，由于投影面在展开过程中，水平面向下旋转，即俯视图的下方代表物体的前面，俯视图的上方代表物体的后面；侧立投影面向右旋转，即左视图的右方代表物体的前面，左视图的左方代表物体的后面。因此，物体的俯、左视图中，远离主视图的一方为物体的前面，靠近主视图的一方为物体的后面。三视图的方位对应关系如图 2-25 所示。

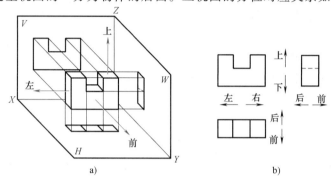

图 2-25 三视图的方位对应关系

2. 基本视图

将机件放在正六面体内，如图 2-26a 所示，分别向各基本投影面作正投影，得到六个基本视图。除了已介绍过的主、俯、左视图外，还有：

右视图——从右向左投射所得的视图。

仰视图——从下向上投射所得的视图。

后视图——从后向前投射所得的视图。

各投影面的展开方法如图 2-26b 所示，展开后六个视图的位置及其投影规律如图 2-27 所示。

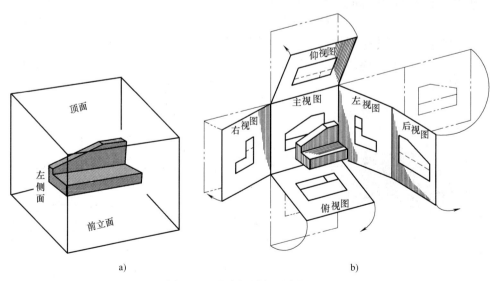

图 2-26 基本视图的形成与展开

六个视图展开后，以主视图为基准，其他视图的配置关系如下：

俯视图配置在主视图的正下方。

左视图配置在主视图的正右方。

右视图配置在主视图的左方。

仰视图配置在主视图的上方。

后视图配置在主视图的右方。

六个基本视图之间仍符合"长对正、高平齐、宽相等"的规律。以主视图为基准，除后视图外，各视图的里面（靠近主视图的一边）均表示机件的后面，各视图的外面（远离主视图的一边）均表示机件的前面。

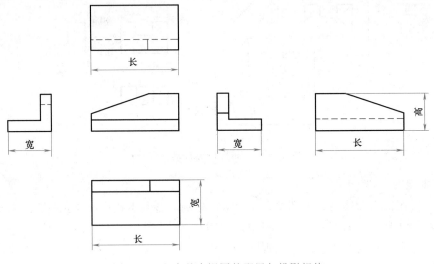

图 2-27　六个基本视图的配置与投影规律

3. 向视图

向视图是可以自由配置的视图，如图 2-28 所示。

向视图一般应在视图的上方标出视图名称"×"（×为大写的拉丁字母），在相应的视图附近用带相同字母的箭头指明投射方向，如图 2-28 所示。表示投射方向的箭头，最好配置在主视图上，以使所获视图与基本视图相一致。表示后视图投射方向的箭头，最好配置在左视图或右视图上。

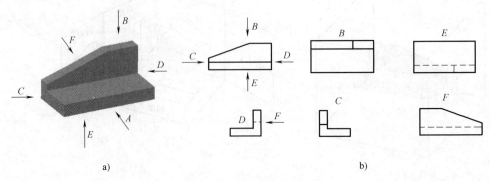

a)　　　　　　　　　　　　　　　　b)

图 2-28　基本视图的标注

4. 局部视图

将机件的某一部分向基本投影面投射所得的视图称为局部视图。局部视图一般是基本视图的一部分。局部视图常用于表达机件上局部结构的外形。图 2-29a 所示的机件，用主、俯视图除右方 U 形槽和左方的耳板形状没有表达清楚外，其余部分的形状基本表达完整，因此可用局部视图来表示这两部分的形状，如图 2-29b 所示的左视图和 A 向视图。

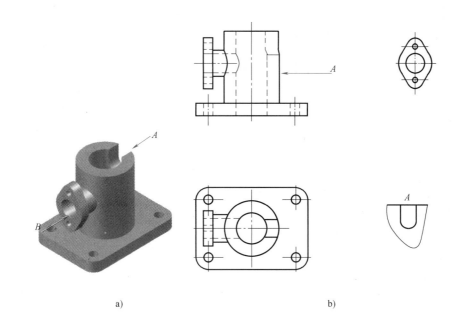

a)   b)

图 2-29 局部视图的画法与标注

5. 剖视图

用视图表达内部结构比较复杂的机件时，往往会出现许多虚线而使图形不清晰，不便于看图和标注尺寸。为了使原来在视图中不可见的部分转化为可见的，从而使虚线变为实线，GB/T 17452—1998《技术制图 图样画法 剖视图和断面图》、GB/T 4458.6—2002《机械制图 图样画法 剖视图和断面图》规定了剖视图的基本表示法。

假想用剖切平面剖开机件，将处在观察者和剖切面之间的部分移去，而将其余部分向投影面投射所得的图形称为剖视图，如图 2-30 所示。根据剖开物体的范围，可将剖视图分为全剖视图、半剖视图和局部剖视图三种。

6. 断面图

假想用剖切平面将机件的某处切断，仅画出剖切平面与机件接触部分的图形，这种图形称为断面图，简称断面。断面图常用于表达机件上某一局部的断面形状，如图 2-31a 所示。

断面图实际上就是使剖切平面垂直于结构要素的中心线（轴线或主要轮廓线）进行剖切，然后将断面图旋转 90°，使其与纸面重合而得到的。如图 2-31c 所示的小轴，主视图表明了键槽的形状和位置，键槽的深度虽然可用视图或剖视图来表达，但通过比较不难发现，

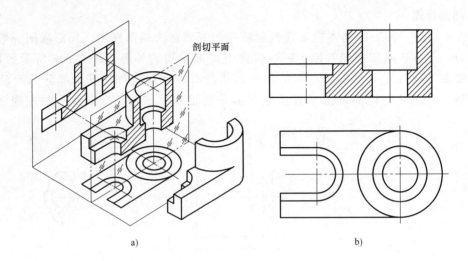

a)　　　　　　　　　　　　　　　　　b)

图 2-30　剖视图的形成及画法

a）剖视图的形成　　b）剖视图表达

用断面表达，图形更清晰、简洁，同时也便于标注尺寸。

断面图与剖视图的区别是：断面图只画出物体被切处的断面形状，而剖视图除了画出其断面形状之外，还必须画出断面后物体所有可见部分的投影，如图 2-31b 所示。断面图的画法要遵循 GB/T 17452—1998《技术制图　图样画法　剖视图和断面图》、GB/T 4458.6—2002《机械制图　图样画法　剖视图和断面图》的有关规定。

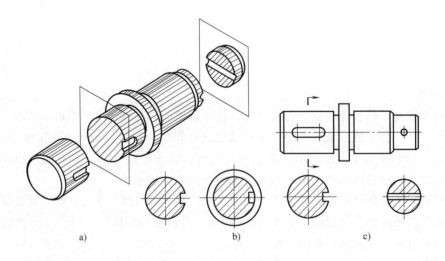

a)　　　　　　　　　　b)　　　　　　　　　　c)

图 2-31　断面图的概念

a）剖切过程　　b）断面图与剖视图的区别　　c）断面图画法

7. 局部放大图

当机件上某些细小结构，在视图中不易表达清楚和不便标注尺寸时，可将该局部结构用比原图放大的比例画出，这种图形称为局部放大图，如图 2-32 所示。

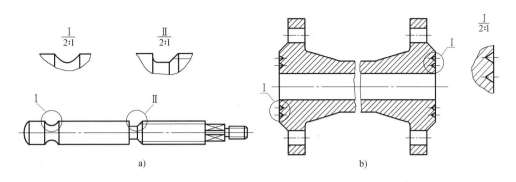

图 2-32　局部放大图

【活动实施】

　　轴是传动机构中的重要零件。轴直接支承旋转零件（如齿轮、带轮、链轮等）和其他轴上零件，以传递运动和动力。

　　图 2-33 所示为双级圆柱齿轮减速器输出轴。该轴是阶梯轴，轴被加工成几段，相邻段的直径不同，中间轴段的直径比两端轴段的直径大，这样，阶梯轴上的零件容易定位，便于装拆。轴上安装旋转零件的轴段称为轴头，轴头上通常加工有键槽。安装轴承的轴段称为轴颈，轴颈往往是轴上精度要求最高的地方。连接轴头和轴颈部分的非配合轴段称为轴身，轴身起过渡作用。

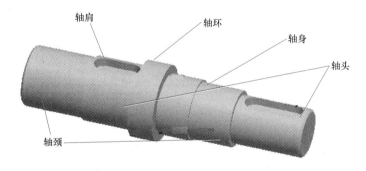

图 2-33　双级圆柱齿轮减速器输出轴

　　轴是非标准件，它们的形状、结构、大小都必须按机器的功能和结构要求设计，没有统一的标准，必须画出零件图。下面根据图 2-34 所示的轴的零件图来认识一下阶梯轴。

　　一张完整的零件图应包括下列基本内容：

　　1）一组视图。用一定数量的视图、剖视图、断面图等正确、完整、清晰、简明地表达出零件的内外结构形状。

　　2）足够的尺寸。正确、完整、清晰、合理地标注出零件的全部尺寸，保证零件加工、检验、装配要求。

　　3）技术要求。用规定的代号、数字、字母、文字等简明、准确地给出零件在制造、检验和使用时应达到的各项质量指标，如表面粗糙度、尺寸公差、几何公差、热处理要求等。

4）标题栏。填写零件的名称、材料、数量、图号、比例，以及设计、审核、批准人员的签名和日期等。标题栏的复杂程度一般由企业自定。

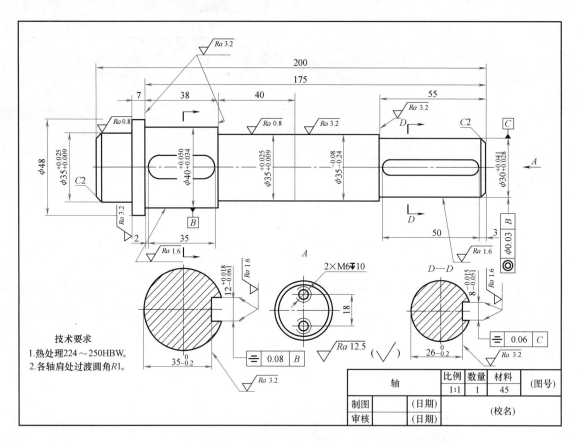

图 2-34　轴的零件图

因此，阶梯轴的识读也要读懂以上四个方面，识图简单步骤如下：

1）看标题栏。图样的右下角为标题栏，GB/T 10609.1—2008 对标题栏的格式和尺寸均做了规定，一般在学校的制图作业中也可以从简采用图示的格式。由标题栏可知，该零件是轴，材料为 45 钢，属于优质非合金钢，作图比例为 1 : 1。

2）分析视图，想象形状。该零件图由四个视图组成。主视图（GB/T 17451—1998）按加工位置原则安放，表达五段不同直径、不同长度的圆柱体，其中两段上开有键槽，表达了键槽的长度；左、右两处两个断面图（GB/T 17452—1998）表达键槽的深度和宽度；中间一个局部视图（GB/T 16675.1、16675.2—2012），表达轴的右端面的两个螺纹孔相互位置及尺寸。

3）分析尺寸。该轴总长为 200mm，最大直径 $\phi48$mm；定位尺寸有 2mm、3mm；定形尺寸有 38mm、40mm、$\phi35^{+0.025}_{+0.009}$mm 等。

4）查看技术要求。$\phi35^{+0.025}_{+0.009}$mm、$\phi12^{+0.018}_{-0.061}$mm 等为尺寸公差，表面粗糙度 Ra 值为 0.8μm，这是要求最高的表面，此外还有对称度、同轴度等几何公差要求。

活动二　轴承的拆装

【相关知识】

一、滚动轴承的类型、特性与应用（表 2-1）

表 2-1　滚动轴承的类型、特性与应用

类型代号	类型名称	简 图	主要特性及应用	标准号	原标准类型代号
0	双列角接触球轴承		具有相当于一对角接触轴承背靠背安装的特性	GB/T 296—2015	6
1	调心球轴承		主要承受径向载荷，也可以承受不大的周向载荷；能自动调心，允许角偏差 <3°；适用于多支点传动轴、刚度较小的轴以及难以对中的轴	GB/T 281—1994	1
2	调心滚子轴承		与调心球轴承特性基本相同，允许角偏差 <2.5°，承载能力比前者大；常用于其他种类轴承不能胜任的重载情况，如轧钢机、大功率减速器、吊车车轮等	GB/T 288—2013	3
	推力调心滚子轴承		主要承受轴向载荷；并能承受一定的径向载荷；能自动调心，允许角偏差 <3°；极限转速较推力球轴承高；适用于重型机床、大型立式电动机轴的支承等	GB/T 5859—2008	9
3	圆锥滚子轴承		可同时承受径向载荷和单向轴向载荷，承载能力高；内、外圈可以分离，轴向和径向间隙容易调整；常用于斜齿轮轴、锥齿轮轴和蜗杆减速器轴，以及机床主轴的支承等	GB/T 297—1994	7
4	双列深沟球轴承		除了具有深沟球轴承的特性外，还具有承受双向载荷更大、刚度更大的特性，可用于比深沟球轴承要求更高的场合	—	0

（续）

类型代号	类型名称	简 图	主要特性及应用	标准号	原标准类型代号
5	推力球轴承	51000 52000	只能承受轴向载荷,51000 用于承受单向轴向载荷,52000 用于承受双向轴向载荷;不宜在高速下工作,常用于起重机吊钩、蜗杆轴和立式车床主轴的支承等	GB/T 301—1995	8
6	深沟球轴承		主要承受径向载荷,也能承受一定的轴向载荷;极限转速较高,当量摩擦因数最小;高转速时可用来承受不大的纯轴向载荷;允许角偏差 $<10'$;承受冲击能力差;适用于刚度较大的轴上,常用于机床主轴箱、小功率电动机等	GB/T 276—2013	0

二、滚动轴承的前置代号和后置代号

前置代号表示成套轴承分部件,用字母表示,例如,L 表示可分离轴承的内圈或外圈;K 表示滚子和保持架组件等。

后置代号是轴承在结构形状、尺寸、公差、技术要求等方面有改变时,在基本代号后面添加的补充代号。常用后置代号见表 2-2。

表 2-2　常用后置代号（组）

1	2	3	4	5	6	7	8
内部结构	密封与防尘套圈形状变化	保持架及其材料	轴承材料	公差等级	游隙	配置	其他

例如,第 1 组表示内部结构,以 C、AC、B 分别表示内部公称接触角 $\alpha = 15°$、$25°$、$40°$ 的角接触球轴承。

第 5 组表示公差等级,其精度顺序为/P0、/P6、/P6x、/P5、/P4、/P2,其中/P0 组为常用的普通级,不用标出。

三、滚动轴承的选择

选择轴承类型应考虑以下的因素及原则。

1. 工作载荷的大小、方向和性质

当载荷小而平稳时,宜选用球轴承;载荷大且有冲击时,宜选用滚子轴承。

轴承只受径向载荷时,选用接触角 $\alpha = 0°$ 的球轴承或滚子轴承;只受轴向载荷时,选用推力轴承;同时承受径向载荷和轴向载荷时,选用角接触轴承,所选接触角随轴向载荷增大

而增大。必要时，也可选用径向轴承和推力轴承的组合装置。

2. 轴承转速的高低

轴承转速高，宜选用球轴承；转速低，可选滚子轴承。推力轴承不宜用于高速，若轴向载荷不大，可用深沟球轴承或角接触球轴承代替。

3. 装拆方便

可分离轴承的装拆比较方便，如 N 类、3 类轴承内、外圈可分离。

4. 机械对调心性能的要求

刚度低、载荷大的轴，内、外圈轴线相对偏转角有可能超出许用值，应选用调心轴承。

5. 经济性

球轴承比滚子轴承价格便宜；公差等级越高，价格越贵。

四、轴承的润滑

轴承润滑的目的：降低摩擦，提高效率；减少磨损，延长寿命；冷却工作表面；同时起到减振和防锈的作用。滚动轴承的润滑剂主要是润滑油和润滑脂两类。一般可按轴承内径 d 和轴的转速 n 的乘积大小来确定，当 $dn < 2 \times 10^5$（mm·r/min）时，采用润滑脂润滑，一般采用人工加脂，填充量为轴承空间的 $1/3 \sim 1/2$。润滑脂的牌号与使用可查阅《机械零件设计手册》。

若 dn 值较高或轴承附近有润滑油源，可采用油润滑。润滑油的使用可查阅《机械零件设计手册》。

【活动实施】

一、工作准备（表 2-3）

表 2-3　工作准备

工具名称	数量	图示
顶拔器	1 个/组	
锤子	1 把/组	

（续）

工具名称	数量	图示
铜棒	1 根/组	
套筒	1 个/组	
台虎钳	1 个/组	
《机械零件设计手册》	1 本/组	

二、实施步骤

1. 检查
检查工具是否完好。

2. 固定
将输出轴系用台虎钳固定。注意：台虎钳要使用软钳口板，以防夹伤轴。

3. 拆卸滚动轴承
（1）若过盈量大应使用顶拔器进行拆卸 用顶拔器的三个脚勾住滚动轴承的内圈后，把带螺纹的顶杆尖锥端对正转子轴的中心孔后，顺时针转动螺纹顶杆滚动拉出轴承。顶拔器工作过程如图 2-35 所示。

（2）若过盈量小可使用锤子、铜棒进行拆卸 敲击力一般加在轴承内圈，敲击力不应加在轴承的滚动体和保持架上，此法简单易行，但容易损伤轴承。当轴承位于轴的末端时，用小于轴承内径的铜棒或其他软金属材料抵住轴端，轴承下部加垫块，用锤子轻轻敲击（注意沿着圆周方向对称进行，不要总是敲击一点）即可拆下，如图 2-36 所示。应用此法应注意垫块放置的位置要适当，着力点应正确。

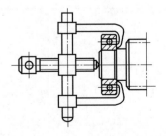

图 2-35 顶拔器工作过程

4. 认识滚动轴承

图 2-37 所示为向心滚动轴承，它由外圈 1、内圈 2、滚动体 3 和保持架 4 组成。外圈装在机座或壳体内，内圈装在轴颈上。内圈和外圈上都有滚道，当内圈与外圈相对转动时，滚动体将沿着滚道滚动，保持架将各滚动体均匀地隔开。图 2-38 所示为推力滚动轴承，它由松圈 1、紧圈 2、滚动体 3 和保持架 4 组成。松圈装在机座或壳体内，紧圈装在轴颈上。松圈和紧圈上都有滚道，当松圈与紧圈相对转动时，滚动体沿着滚道滚动。保持架的作用仍然是将各滚动体均匀地隔开。滚动体的形状有球形、圆柱形、圆锥形、鼓形、滚针形等，如图 2-39 所示。内圈、外圈、松圈、紧圈统称为套圈。滚动轴承可以没有套圈或保持架，但必须有滚动体。

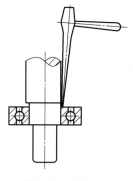

图 2-36　敲击法

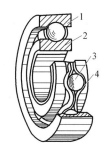

图 2-37　向心滚动轴承的结构
1—外圈　2—内圈
3—滚动体　4—保持架

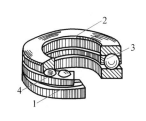

图 2-38　推力滚动轴承的结构
1—松圈　2—紧圈
3—滚动体　4—保持架

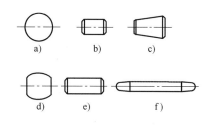

图 2-39　滚动体
a）球　b）圆柱滚子　c）圆锥滚子
d）鼓形滚子　e）长圆柱滚子　f）滚针

双级圆柱齿轮减速器中的轴承属于向心滚动轴承。

滚动轴承是标准组件，一般不单独绘出零件图，国家标准（GB/T 4459.7—1998）规定在装配图中采用简化画法和规定画法来表示，其中简化画法又分为通用画法和特征画法两种。在装配图中，若不必确切地表示滚动轴承的外形轮廓、载荷特征和结构特征，可采用通用画法来表示。在轴的两侧用粗实线矩形线框及位于线框中央正立的十字形符号表示。十字形符号不应与线框接触。在装配图中，若要形象地表示滚动轴承的结构特征，可采用特征画法。常用滚动轴承的通用画法和特征画法见表 2-4。

表 2-4　常用滚动轴承的通用画法和特征画法

种类	深沟球轴承	圆锥滚子轴承	推力球轴承
已知条件	D、d、B	D、d、B、T、C	D、d、T
特征画法			

（续）

种类	深沟球轴承	圆锥滚子轴承	推力球轴承
一侧为规定画法，一侧为通用画法	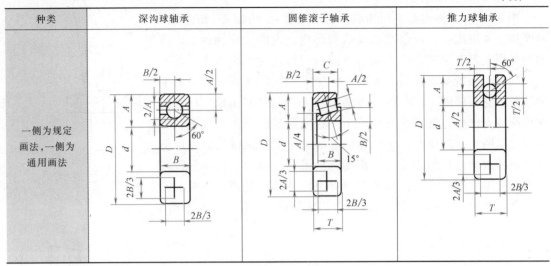		

在装配图中，若要详细地表达滚动轴承的主要结构形状，可采用规定画法来表示。此时，轴承的保持架及倒角省略不画，滚动体不画剖面线，各套圈的剖面线方向可画成一致，间隔相同。一般只在轴的一侧用规定画法表达，在轴的另一侧仍然按通用画法表示，如图2-40所示。

5. 认识滚动轴承的代号

为了表示各类滚动轴承的结构、尺寸、公差等级、技术性能等特征，GB/T 272—1993规定了滚动轴承代号。滚动轴承代号由基本代号、前置代号和后置代号组成，其排列顺序如下：

| 前置代号 | 基本代号 | 后置代号 |

如图2-41所示，滚动轴承内圈上所刻"30204"为基本代号。

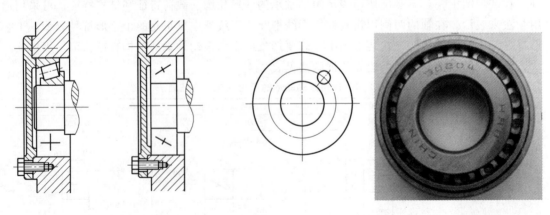

图2-40 滚动轴承在装配图中的画法　　　　图2-41 滚动轴承（30204）

基本代号是轴承代号的基础，用来表示轴承的基本类型、结构和尺寸。基本代号由三部分组成，其排列顺序如下：

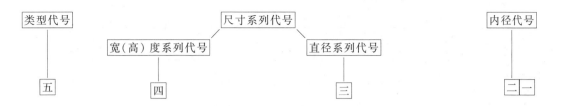

轴承代号"30204"中"04"为内径代号，用来表示轴承内径尺寸。滚动轴承 30204 的内径为 20mm。轴承内径代号见表 2-5。

表 2-5　轴承内径代号

内径代号	00	01	02	03	04~99
轴承内径 d/mm	10	12	15	17	数字×5

不同型号轴承的对比如图 2-42~图 2-44 所示。

图 2-42　30205、30206、30207 的比较

图 2-43　60205、62205 的比较

图 2-44　60205、60305、60405 的比较

轴承代号"30204"中"02"为尺寸代号，用来表示轴承的外径（代号"2"）和宽度（代号"0"）。轴承尺寸系列代号见表 2-6。

轴承代号"30204"中"3"为类型代号，用来表示滚动轴承的类型。该轴承为圆锥滚子轴承。

6. 滚动轴承的安装方法

装配时，先选用软金属材料制做套筒，套筒内径应略大于轴颈 1~4mm，外径略小于轴承内圈挡边直径，然后将轴承装到轴上，再安装套筒，用锤子均匀敲击套筒慢慢装合，如图 2-45 所示。当套筒端盖为平顶时，锤子应沿其圆周依次均匀敲击套筒。

注意：过盈量大的轴承，可先在不到 100℃ 的油中加热后，再装入轴颈。

表 2-6　轴承尺寸系列代号

直径系列代号	向心轴承								推力轴承			
	宽度系列代号								高度系列代号			
	8	0	1	2	3	4	5	6	7	9	1	2
	宽度尺寸依次递增——								高度尺寸依次递增——			
	尺寸系列代号											
7	—	—	17	—	37	—	—	—	—	—	—	—
8	—	08	18	28	38	48	58	68	—	—	—	—
9	—	09	19	29	39	49	59	69	—	—	—	—
0	—	00	10	20	30	40	50	60	70	90	10	—
1	—	01	11	21	31	41	51	61	71	91	11	—
2	82	02	12	22	32	42	52	62	72	92	12	22
3	83	03	13	23	33	—	—	—	73	93	13	23
4	—	04	—	24	—	—	—	—	74	94	14	24
5	—	—	—	—	—	—	—	—	—	95	—	—

（左侧纵向文字：外径尺寸依次递增↓）

7. 现场整理

现场工具用棉纱擦拭干净，放入工具箱。场地清扫干净。

图 2-45　轴承安装

任务二　齿轮的拆装

【任务描述】

齿轮不仅能传递动力，还可以改变转速和转动方向。本任务主要是拆装双级圆柱齿轮减速器输出轴上的齿轮。通过齿轮的拆装，掌握齿轮的类型、结构与参数。通过识读齿轮的零件图，掌握零件图的尺寸与技术要求的识读方法。了解齿轮的失效形式及解决办法，熟练使用工具完成齿轮的拆装。

【任务分析】

齿轮是机器中重要的传动零件，它广泛应用于机械传动中。因此，对齿轮的认识需要从实物和零件图两个角度进行。我们需要掌握齿轮的类型、结构与参数，了解齿轮的失效形式。齿轮参数中的模数 m 和压力角已标准化，它属于常用件。齿轮的零件图与其他零件图不同的是，除了要表示出齿轮的形状、尺寸和技术要求外，还要注明制造齿轮所需的基本参数。

【相关知识】

一、齿轮的类型

常见的齿轮类型如图 2-46～图 2-52 所示。

图 2-46　直齿圆柱齿轮

图 2-47　斜齿圆柱齿轮

图 2-48　人字齿齿轮

图 2-49　直齿锥齿轮

图 2-50　蜗轮蜗杆

图 2-51　螺旋齿锥齿轮

二、直齿圆柱齿轮的基本参数

1. 齿数 z

一个齿轮的轮齿个数称为齿数，常用符号"z"表示。齿数是齿轮的基本参数之一。

2. 模数 m

齿数 z 与齿距 p 的乘积应等于分度圆的圆周长度，即

图 2-52　齿轮齿条

$$zp = \pi d$$

则

$$d = \frac{pz}{\pi}$$

上式中包含了无理数 π，这样测量和计算时都不十分方便。为了便于设计、制造和互换使

用，将 p/π 规定为有理数，并作为齿轮的基本参数，称为模数，用符号"m"表示，单位是 mm，即规定

$$m = \frac{p}{\pi}$$

则

$$d = mz$$

模数反映了齿距 p 的大小，即轮齿的大小。模数大，轮齿的尺寸也就大，齿轮相应尺寸也较大。我国规定的标准模数系列见表 2-7。

表 2-7　齿轮模数系列（摘自 GB/T 1357—2008）　　　　（单位：mm）

第一系列	1　1.25　1.5　2　2.5　3　4　5　6　8　10　12　16　20　25　32　40　50
第二系列	1.125　1.375　1.75　2.25　2.75　3.5　4.5　5.5　(6.5)　7　9　11　14　18　22　28　36　45

3. 压力角 α

齿轮在工作时，如果不计摩擦力，则齿廓上任意一点的压力方向与该点齿廓法线方向相同，而运动方向为该点的线速度方向，即垂直于该点的半径方向。所以齿轮齿廓上任意一点的压力角为该点的法线方向与线速度方向所夹锐角。通常所说的齿轮压力角是指分度圆上的压力角，用符号 α 表示。我国规定标准压力角 $\alpha = 20°$。

4. 齿顶高系数 h_a^*

齿顶高与模数之比称为齿顶高系数，用 h_a^* 表示，即

$$h_a^* = \frac{h_a}{m}$$

标准直齿圆柱齿轮的齿顶高系数 $h_a^* = 1$。

5. 顶隙系数 c^*

当一对齿轮啮合时，为使一个齿轮的齿顶面不致与另一个齿轮的齿槽底面相抵触，轮齿的齿根高 h_f 应大于齿顶高 h_a，以保证两齿轮啮合时，一齿轮的齿顶与另一齿轮的槽底间有一定的径向间隙，称为顶隙。顶隙在齿轮的齿根圆柱面与配对齿轮的齿顶圆柱面之间的连心线上量度，用 c 表示。

顶隙与模数之比称为顶隙系数，用 c^* 表示，即

$$c^* = \frac{c}{m}$$

所以

$$h_f = h_a + c = (h_a^* + c^*) m$$

标准直齿圆柱齿轮的顶隙系数 $c^* = 0.25$。

顶隙还可以储存润滑油，有利于齿面的润滑。

三、外啮合标准直齿圆柱齿轮各部尺寸计算

标准齿轮的齿廓形状是由齿数、模数和压力角三个基本参数所决定的，已知这三个基本参数就可以计算出齿轮各部分的几何尺寸。为了使用方便，外啮合标准直齿圆柱齿轮几何尺

寸计算公式见表2-8。

表2-8　外啮合标准直齿圆柱齿轮几何尺寸计算公式

名　称	符　号	计　算　公　式
分度圆直径	d	$d = mz$
齿顶高	h_a	$h_a = h_a^* m = m$
齿根高	h_f	$h_f = (h_a^* + c^*) m = 1.25m$
全齿高	h	$h = h_a + h_f = 2.25m$
齿顶圆直径	d_a	$d_a = d + 2h_a = m(z+2)$
齿根圆直径	d_f	$d_f = d - 2h_f = m(z-2.5)$
标准中心距	a	$a = 1/2(d_1 + d_2) = 1/2(z_1 + z_2)m$
齿距	p	$p = \pi m$
齿厚	s	$s = (1/2)p = (1/2)\pi m$
齿槽宽	e	$e = (1/2)p = (1/2)\pi m$

注：1. 表中，h_a^* 齿顶高系数，正常标准齿顶高系数 $h_a^* = 1$，短齿制 $h_a^* = 0.8$。
　　2. c^* 是顶隙系数，是相啮合的一齿顶与另一齿间底部所留间隙的系数，正常标准齿 $c^* = 0.25$，短齿 $c^* = 0.3$，所以正常标准齿根高 $h_f = 1.25m$。

【例2-1】　为修配一损坏的标准直齿圆柱齿轮，实测齿高为8.98mm，齿顶圆直径为135.98mm，试确定该齿轮的模数 m、分度圆直径 d、齿顶圆直径 d_a、齿根圆直径 d_f、齿距 p、齿厚 s 与齿槽宽 e。

解　由表2-8可知　　　　　　　$h = h_a + h_f = (2h_a^* + c^*)m$

设 $h_a^* = 1$，$c^* = 0.25$，则

$$m = \frac{h}{2h_a^* + c^*} = \frac{8.98\text{mm}}{2 \times 1 + 0.25} = 3.991\text{mm}$$

由表2-7查得 $m = 4$mm，则

$$z = \frac{d_a - 2h_a^* m}{m} = \frac{135.98\text{mm} - 2 \times 1 \times 4\text{mm}}{4\text{mm}} = 31.995$$

齿数取 $z = 32$。

分度圆直径　　　　$d = mz = 4 \times 32\text{mm} = 128\text{mm}$

齿顶圆直径　　　$d_a = d + 2h_a = d + 2h_a^* m = 128\text{mm} + 2 \times 1 \times 4\text{mm} = 136\text{mm}$

齿根圆直径　　　$d_f = d - 2h_f = d - 2(h_a^* + c^*)m = 128\text{mm} - 2 \times (1 + 0.25) \times 4\text{mm} = 118\text{mm}$

齿距　　　　　　$p = \pi m = 3.1416 \times 4\text{mm} = 12.5664\text{mm}$

齿厚　　　　　　$s = \frac{\pi m}{2} = \frac{3.1416 \times 4}{2}\text{mm} = 6.2832\text{mm}$

齿槽宽　　　　　$e = \frac{\pi m}{2} = \frac{3.1416 \times 4}{2}\text{mm} = 6.2832\text{mm}$

四、零件图尺寸标注中的常用符号和缩写词（表2-9）

表2-9　常用的符号和缩写词

名称	符号和缩写词	名称	符号和缩写词	名称	符号和缩写词
直径	ϕ	厚度	t	沉孔	⊔
半径	R	正方	□	埋头孔	∨
球直径	$S\phi$	45°倒角	C	均布	EQS
球半径	SR	深度	↓	弧长	⌒

图2-53所示为玻璃钉锤的尺寸标注。长度方向以右端面为尺寸基准，例如，尺寸50mm、28mm、$90^{+0.1}_{0}$mm及31mm等。其中31mm为手柄孔的定位尺寸；高度方向以底面为尺寸基准，例如，尺寸3mm；宽度方向以前后对称面为尺寸基准，尺寸14±0.1mm表示了手柄右端的宽度尺寸。在图2-53中对玻璃钉锤的定形尺寸、定位尺寸和总体尺寸做了完整标注。

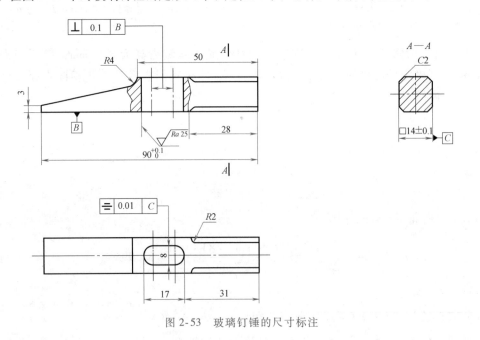

图2-53　玻璃钉锤的尺寸标注

五、零件的技术要求

1. 表面结构

加工零件时，由于刀具在零件表面上留下刀痕和切削分裂时表面金属的塑性变形等影响，使零件表面存在着间距较小的轮廓峰谷。为了保证零件的使用性能，在机械图样中需要对零件的表面结构给出要求。表面结构就是由粗糙度轮廓、波纹度轮廓和原始轮廓构成的零件表面特征。

评定零件表面结构的参数有轮廓参数、图形参数和支承率曲线参数。其中轮廓参数分为三种：R轮廓参数（粗糙度参数）、W轮廓参数（波纹度参数）和P轮廓参数（原始轮廓参数）。机械图样中，常用表面粗糙度参数Ra和Rz作为评定表面结构的参数。

　　（1）轮廓算术平均偏差Ra　它是在取样长度lr内，纵坐标$Z(X)$（被测轮廓上的各点至基准线X的距离）绝对值的算术平均值，如图2-54所示。

　　（2）轮廓最大高度Rz　它是在一个取样长度lr内，最大轮廓峰高与最大轮廓谷深之和，如图2-54所示。

　　国家标准GB/T 1031—2009给出的Ra和Rz系列值见表2-10。

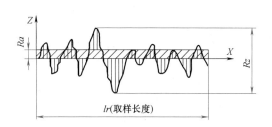

图2-54　算术平均偏差与轮廓最大高度

表2-10　Ra和Rz系列值　　　　　　　　　　　（单位：μm）

Ra	Rz	Ra	Rz
0.012		6.3	6.3
0.025	0.025	12.5	12.5
0.05	0.05	25	25
0.1	0.1	50	50
0.2	0.2	100	100
0.4	0.4		200
0.8	0.8		400
1.6	1.6		800
3.2	3.2		1600

　　标注表面结构参数时应使用完整图形符号，在完整图形符号中注写了参数代号、极限值等要求后，称为表面结构代号。表面结构代号示例见表2-11。

表2-11　表面结构代号示例

代号	含义/说明
$\sqrt{}$ $Ra\,1.6$	表示去除材料，单向上限值，默认传输带，R轮廓，表面粗糙度算术平均偏差1.6μm，评定长度为5个取样长度（默认），"16%规则"（默认）
$\sqrt{}$ $Rz\,\max\,0.2$	表示不允许去除材料，单向上限值，默认传输带，R轮廓，表面粗糙度最大高度的最大值0.2μm，评定长度为5个取样长度（默认），"最大规则"
$\sqrt{}$ U $Ra\,\max\,3.2$ L $Ra\,0.8$	表示不允许去除材料，双向极限值，两极限值均使用默认传输带，R轮廓，上限值：算术平均偏差3.2μm，评定长度为5个取样长度（默认），"最大规则"，下限值：算术平均偏差0.8μm，评定长度为5个取样长度（默认），"16%规则"（默认）
铣 $\sqrt{}$ $-0.8/Ra3\,6.3$　$\perp$	表示去除材料，单向上限值，传输带：根据GB/T 6062，取样长度0.8mm，R轮廓，算术平均偏差极限值6.3μm，评定长度包含3个取样长度，"16%规则"（默认），加工方法：铣削，纹理垂直于视图所在的投影面

表面结构要求在图样中的标注实例见表 2-12。

表 2-12　表面结构要求在图样中的标注实例

说明	实例
表面结构要求对每一表面一般只标注一次，并尽可能注在相应的尺寸及其公差的同一视图上	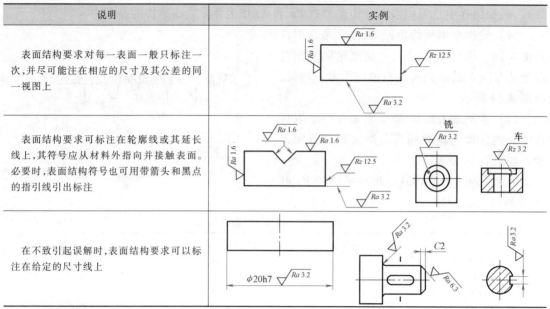
表面结构要求可标注在轮廓线或其延长线上，其符号应从材料外指向并接触表面。必要时，表面结构符号也可用带箭头和黑点的指引线引出标注	
在不致引起误解时，表面结构要求可以标注在给定的尺寸线上	

2. 尺寸公差

零件在制造过程中，由于加工或测量等因素的影响，完工后的实际尺寸总存在一定的误差。为保证零件的互换性，必须将零件的实际尺寸控制在允许变动的范围内，这个允许的尺寸变动量称为尺寸公差。

下面以 $\phi80^{+0.065}_{+0.020}$mm 的孔尺寸和 $\phi80^{-0.030}_{-0.060}$mm 的轴尺寸，结合图 2-55 以图解的方式介绍相关的概念。

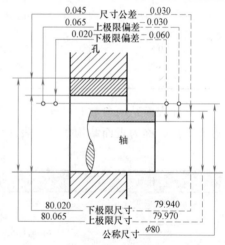

图 2-55　术语图解

（1）尺寸与尺寸要素　尺寸是以特定单位表示线性尺寸值的数值。它由数字和单位组成，包括直径、半径、长、宽、高、厚及中心距等。尺寸要素是由一定大小的线性尺寸或角度尺寸确定的几何形状。

（2）公称尺寸　由图样规范确定的理想形状要素的尺寸，如图中的 $\phi80$mm。

（3）极限尺寸　尺寸要素允许的尺寸的两个极端。其中尺寸要素允许的最大尺寸称为上极限尺寸；尺寸要素允许的最小尺寸称为下极限尺寸。极限尺寸可以大于、小于或等于公称尺寸。

上例中孔的上极限尺寸为 $\phi80.065$mm，下极限尺寸为 $\phi80.020$mm；轴的上极限尺寸为 $\phi79.970$mm，下极限尺寸为 $\phi79.940$mm。零件的实际尺寸在两个极限尺寸之间就算合格。

（4）极限偏差　极限尺寸与其公称尺寸的代数差称为极限偏差。分为上极限偏差和下极限偏差：

上极限偏差＝上极限尺寸-公称尺寸

下极限偏差＝下极限尺寸-公称尺寸

如上例中，孔、轴的极限偏差可分别计算如下：

$$孔\begin{cases} 上极限偏差 = 80.065mm - 80mm = +0.065mm \\ 下极限偏差 = 80.020mm - 80mm = +0.020mm \end{cases}$$

$$轴\begin{cases} 上极限偏差 = 79.970mm - 80mm = -0.030mm \\ 下极限偏差 = 79.940mm - 80mm = -0.060mm \end{cases}$$

上、下极限偏差可以是正值、负值或零。国家标准规定：孔的上极限偏差代号为 ES，下极限偏差代号为 EI；轴的上极限偏差代号为 es，下极限偏差代号为 ei。

（5）尺寸公差（简称公差） 允许尺寸的变动量，恒为正值。

尺寸公差＝上极限尺寸－下极限尺寸

　　　　＝上极限偏差－下极限偏差

如上例中，孔，轴的公差可分别计算如下：

孔：公差 = 80.065mm - 80.020mm = 0.045mm

　　　　= 0.065mm - 0.020mm = 0.045mm

轴：公差 = 79.970mm - 79.940mm = 0.030mm

　　　　= -0.030mm - (-0.060)mm = 0.030mm

由此可知，公差就是尺寸误差允许的变动范围，是尺寸精度的一种度量。公差越小，尺寸精度越高，加工成本越高；反之，公差越大，尺寸精度越低，加工成本也降低。

（6）标准公差 确定尺寸的精度（即公差的大小）不能随意，要根据国家标准规定的标准公差确定。标准公差是国家标准规定的确定尺寸精度的等级，分为 20 个等级：IT01、IT0、IT1～IT18。"IT"表示公差，IT01～IT18 精度等级依次降低。

3. 几何公差

几何公差特征项目见表 2-13。

表 2-13　几何公差特征项目

分类	名称	符号	分类	名称	符号
形状公差	直线度	——	方向公差	平行度	//
	平面度	▱		垂直度	⊥
	圆度	○		倾斜度	∠
	圆柱度	⌀	位置公差	同轴度	◎
	线轮廓度	⌒		对称度	═
				位置度	⊕
	面轮廓度	⌒	跳动公差	圆跳动	↗
				全跳动	⌰

任何零件都是由点、线、面构成的，这些点、线、面称为要素。机械加工后零件的实际要素相对于理想要素总有误差，这类误差会影响机械产品的功能，设计时应规定相应的公差并按规定的标准符号标注在图样上，这类误差称为几何公差。

在图样上标注几何公差时，应包括公差框格、被测要素和基准要素（方向、位置公差的基准）三组内容，如图 2-56 所示。

几何公差的综合标注示例，如图 2-57 所示。

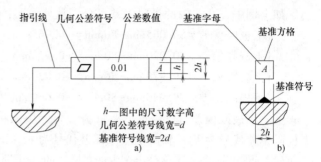

h—图中的尺寸数字高
几何公差符号线宽=d
基准符号线宽=$2d$

图 2-56　几何公差标注框格、符号、数值、基准的规格

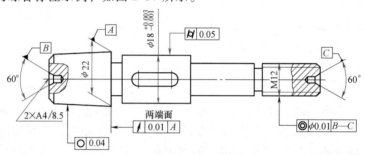

图 2-57　阶梯轴几何公差的识读

图中标注的各种几何公差带代号的含义及其解释如下：

$\boxed{\bigcirc}$ $\boxed{0.04}$ 表示圆度公差。圆锥体任意截面的圆度公差为 0.04mm。

$\boxed{\text{⌀}}$ $\boxed{0.05}$ 表示圆柱度公差。ϕ18mm 圆柱面的圆柱度公差为 0.05mm。

$\boxed{\nearrow}$ $\boxed{0.01}$ $\boxed{A}$ 表示轴向圆跳动公差。ϕ22mm 圆锥的大断面对该轴线的轴向圆跳动公差为 0.01mm。

$\boxed{\circledcirc}$ $\boxed{\phi0.01}$ $\boxed{B-C}$ 表示同轴度公差。M12 螺纹的轴线对两端中心孔轴线的同轴度公差为 0.01mm。

【任务实施】

一、工作准备（表 2-14）

表 2-14　工作准备

工具名称	数量	图示
顶拔器	1 个/组	

（续）

工具名称	数量	图示
锤子	1 把/组	
铜棒	1 根/组	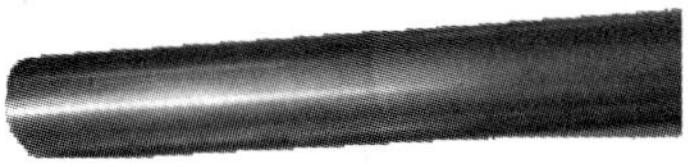
套筒	1 个/组	
台虎钳	1 个/组	
《机械零件设计手册》	1 本/组	

二、实施步骤

1. 检查

检查工具是否完好。

2. 固定

将输出轴系用台虎钳固定。注意：台虎钳要使用软钳口板，以防夹伤轴。

3. 拆卸齿轮

（1）若过盈量大应使用顶拔器进行拆卸　用顶拔器的三个脚勾住齿轮的轮缘后，把带螺纹的顶杆尖锥端对正转子轴的中心孔后，顺时针转动螺纹顶杆拉出齿轮，如图 2-58 所示。

（2）若过盈量小可使用锤子、铜棒进行拆卸　在拆卸过程中，不可猛打硬敲，以免齿

图 2-58 齿轮拆装

轮碰损、变形。

4. 认识齿轮

（1）齿轮的结构 齿轮的结构通常由轮缘、轮辐和轮毂三部分组成。轮缘上有轮齿，轮齿的尺寸已经标准化。减速器输出轴上轮毂与轴头之间的连接为键连接。轮毂与轮缘之间为轮辐，如图 2-59 所示。

（2）齿轮各部分的名称 齿轮各部分的名称如图 2-60 所示，其定义见表 2-15。

图 2-59 齿轮的结构

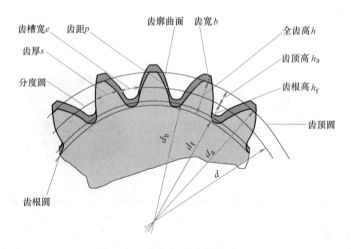

图 2-60 齿轮各部分的名称

表 2-15 齿轮各部分的名称和定义

序号	名称	定义	代号
1	齿顶圆	齿顶所在的圆，其直径称为齿顶圆直径	d_a
2	齿根圆	齿根所在的圆，其直径称为齿根圆直径	d_f
3	分度圆	在标准齿轮上，轮齿齿厚与齿间宽相等的圆，其直径称为分度圆直径	d
4	齿厚	轮齿两侧齿廓在分度圆周上的弧长	s
5	齿槽宽	相邻两轮齿近侧齿廓在分度圆周上的弧长	e

（续）

序号	名称	定义	代号
6	齿距	在分度圆周上相邻两齿同侧齿廓对应两点之间的弧长	p
7	齿顶高	齿顶圆与分度圆之间的径向距离	h_a
8	齿根高	齿根圆与分度圆之间的径向距离	h_f
9	全齿高	齿顶圆与齿根圆之间的径向距离	h
10	齿宽	轮齿在轴线方向的宽度	b
11	中心距	一对相互啮合齿轮两轴线之间的距离	a

（3）识读齿轮零件图　根据图 2-61 所示齿轮零件图进行分析。

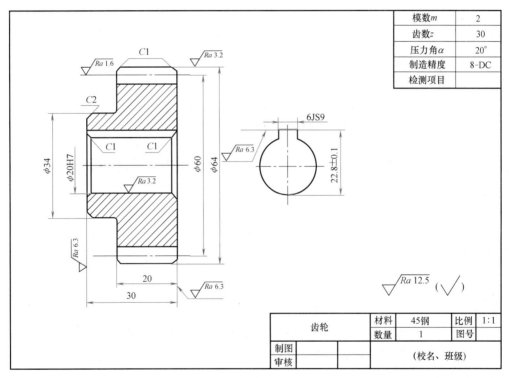

图 2-61　齿轮零件图

读图过程如下：

1）读标题栏。由标题栏可知，该零件为齿轮，材料为 45 钢，为非合金结构钢，作图比例 1:1。

2）读表达方法。该零件图包含两个视图。左侧视图为主视图，采用了全剖视图，主要表达齿轮的内部结构，指出齿顶线、齿根线、分度线的位置，同时表达齿轮内部孔的形状结构。右侧视图为局部视图，表达键槽的宽度和深度。

3）分析尺寸。GB/T 4458.4—2003《机械制图　尺寸注法》及 GB/T 16675.2—2012《技术制图　简化表示法　第 2 部分：尺寸注法》中对尺寸标注做了专门规定，在绘制、识读图样时必须严格遵守这些规定。

尺寸的组成如图 2-62 所示，尺寸界线表示所注尺寸的界限，尺寸界线应由图形的轮廓

线、轴线、对称中心线引出，也可利用轮廓
线、轴线、对称中心线作尺寸界线。尺寸线表
示尺寸度量方向。尺寸数字表示所注机件尺寸
的实际大小。

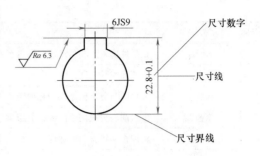

图 2-62　尺寸的组成

在齿轮零件图中，齿轮的径向尺寸基准为
孔的中心线，图中标注的 $\phi34$mm、$\phi20$mm、
$\phi60$mm、$\phi64$mm 为直径；齿轮的轴向尺寸的
主要基准是齿轮的右端面，标有 20mm、
30mm。键槽的长为30mm，键宽为6mm，键槽
深度为 2.8mm。上述尺寸中，总体尺寸为 $\phi64$mm、30mm，用来表示零件外形的总长、总宽
和总高。其余尺寸均为定形尺寸，用来确定零件各组成部分形状大小。$C1$、$C2$ 为倒角尺寸。

4）看技术要求。$\sqrt{Ra1.6}$ 表示该齿轮轮齿表面的表面粗糙度为 $Ra1.6\mu$m，这是要求最高
的表面。齿顶与孔的内表面也是重要的加工表面。（22.8+0.1）mm 表示公称尺寸为 22.8，
上极限尺寸为22.9mm，下极限尺寸为22.8mm，上极限偏差为0.1mm，下极限偏差为0，公
差为0.1mm。$\phi20$H7 为孔的尺寸：$\phi20$mm 为公称尺寸，H7 为孔的公差带代号，H 为孔的基
本偏差代号，7 为精度等级，为基孔制的基准孔。

5. 齿轮的安装

先将键装入键槽，然后用 80℃ 的热油预热齿轮，预热后用压力机将齿轮压入。

注意：齿轮必须安装到位，并尽量靠在轴肩上。安装之后用百分表检查齿轮的径向圆跳
动量和轴向圆跳动量。

任务三　键的拆装

【任务描述】

本任务主要是拆装双级圆柱齿轮减速器输出轴上的键。通过键的拆装，掌握键的拆装方
法；掌握键的类型、作用与标记；识读键连接装配图。

【任务分析】

键是机器中的重要连接件。键连接如图 2-63
所示，它的作用是用键将轴和轮毂件（齿轮、带
轮、联轴器等）连成一个整体，使它们在共同转
动时没有相对运动，以传递运动和较大的力矩。
键有多种类型，每种类型有自己的特点与用途。
键通常为自制标准件，截面尺寸国家标准已有规
定，因此，实际工作中不用画键的零件图，但在
装配图中键有规定画法。本任务主要以减速器中
普通平键的拆装为线索，在拆装过程中学习键连
接的知识。

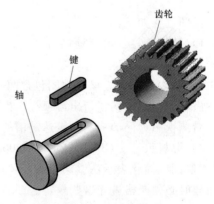

图 2-63　键连接

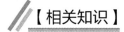【相关知识】

一、键的类型

键通常为标准件，与键有关的国家标准有：GB/T 1096～1098—2013、GB/T 1099.1—2013、GB/T 1144—2001 和 GB/T 3478.1—2008。键的长度应根据需要在键长系列中选取。除普通平键外，还有以下几种键连接：

1. 导向键与滑键连接

当工作要求轮毂件在轴上能做轴向滑移时，可采用导向键或滑键连接。

导向键端部形状同平键（图 2-64a），工作时，用螺钉将其固定在轴上。为便于拆卸，在其中部制有起键螺钉孔。键和轮毂的键槽采用间隙配合，以便轴上零件做轴向移动。

滑键固定在轴上零件的轮毂孔内（见图 2-64b），工作时轮毂与键一起沿轴上的长键槽滑动。与导向键相比，滑键更适用于轴向移动距离较长的场合。

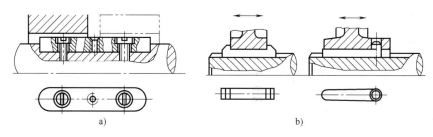

图 2-64　导向键与滑键连接
a）导向键连接　b）滑键连接

2. 花键连接

花键连接是由带键齿的花键轴与带键齿槽的花键孔组成的一种连接形式（图 2-65），工作时靠键齿的侧面与键槽侧面的挤压传递转矩。花键与导向平键相似，都适用于轮毂在轴上滑移的场合，并能传递较大的转矩。与平键相比，花键具有承载能力强、受力均匀、导向性好等优点，并具有较高的定心精度，广泛用于汽车、拖拉机、机床等行业。花键的主要缺点是制造成本高、加工需专用设备等。根据花键的齿形不同，可分为矩形花键、渐开线花键等。

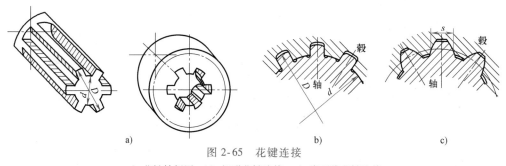

图 2-65　花键连接
a）花键轴侧图　b）矩形花键连接　c）渐开线花键连接

3. 半圆键连接

图 2-66 所示为半圆键连接。半圆键的上表面为一平面，下表面为半圆形，两侧面平行。

装配时，在轴的半圆形键槽内，半圆键可以自由摆动，轮毂内的键槽为通槽，工作时也是靠键的两侧面受挤压传递转矩的。半圆键连接多用于锥端轴，连接装配方便，但轴上键槽窄而深，对轴的强度有较大削弱，故多用于轻载连接中。

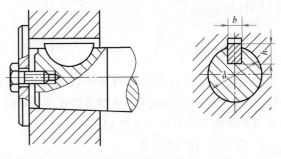

图 2-66　半圆键连接

4. 楔键连接

楔键的工作面是顶面和底面，其顶面有 1：100 的斜度，键的两侧面与键槽留有间隙，可分为普通楔键和钩头楔键两类，如图 2-67 所示。装配时，轮毂件的键槽上顶面也有 1：100 的斜度，楔键的斜面与之接触，依靠外力楔紧后产生摩擦力传递转矩，同时还可承受单向轴向载荷。钩头楔键有利于拆卸，但安全性差。楔键装配后可使轮毂件有一微小的径向移动，故对中性差，当受振动载荷作用时易松动，常用于不重要的连接及低速传动场合。

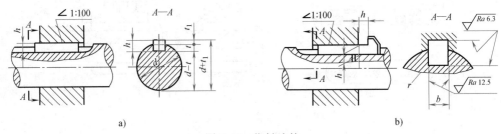

图 2-67　楔键连接

a）普通楔键连接　b）钩头楔键连接

5. 切向键连接

图 2-68 所示为切向键连接。切向键由两个斜度为 1：100 的普通楔键反装而成，其断面合成为一个长方形，装配时将两个楔键从轮毂槽的两端分别打入，使键楔紧在轴与毂的键槽中。切向键的工作面为上、下表面。一对切向键只能传递单向转矩，若要传递双向转矩，则需装两对互成 120°～135°的切向键，如图 2-68c 所示。

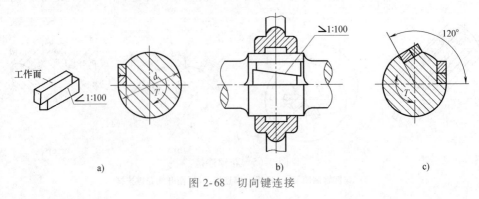

图 2-68　切向键连接

切向键对轴的强度削弱较大，对中性较差，故适用于对中性、运动精度要求不高，低速、重载、轴径大于 100mm 的静连接场合。

普通平键、导向键、滑键、花键和半圆键五种连接属于松键连接。楔键连接和切向键连接属于紧键连接。

松键连接与紧键连接的主要区别在于：

1）紧键连接靠摩擦力承受载荷，键上有 1∶100 的斜度，键的工作面为上面（顶面）和下面（底面），对中性差，多用于静连接场合。

2）松键连接靠键的侧面承受挤压传递转矩，键的工作面为两侧面，对中性较好。其中花键连接可以看成是平键连接增加键数的结果。

二、键的规定标记

常用键的规定标记见表 2-16。

表 2-16 常用键的规定标记

名称	键 的 型 式	规定标记示例
圆头普通平键	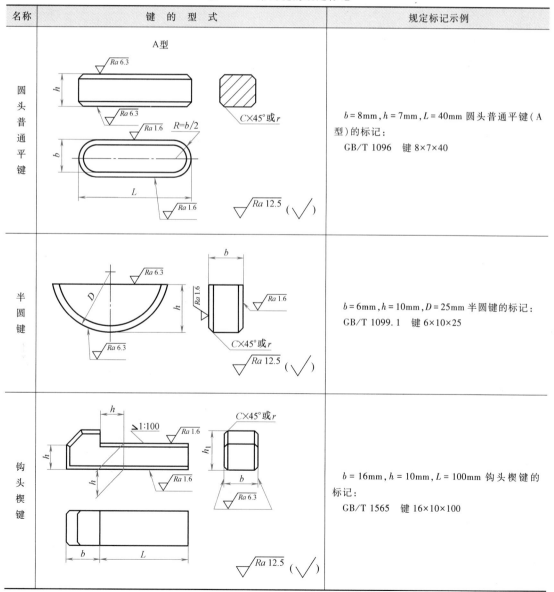	$b = 8\,mm$，$h = 7\,mm$，$L = 40\,mm$ 圆头普通平键（A型）的标记： GB/T 1096 键 8×7×40
半圆键		$b = 6\,mm$，$h = 10\,mm$，$D = 25\,mm$ 半圆键的标记： GB/T 1099.1 键 6×10×25
钩头楔键		$b = 16\,mm$，$h = 10\,mm$，$L = 100\,mm$ 钩头楔键的标记： GB/T 1565 键 16×10×100

【任务实施】

一、工作准备（表 2-17）

表 2-17 工作准备

工具名称	数量	图示
钢丝钳	1 个/组	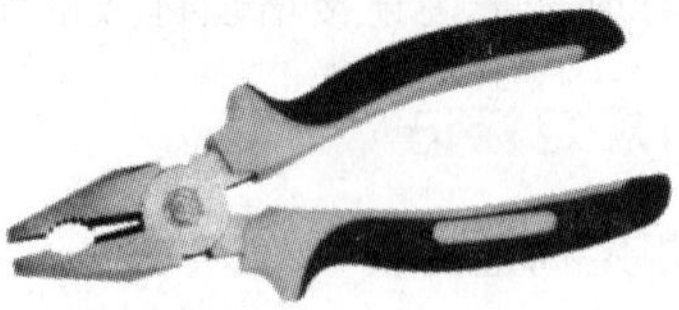
铜片	1 张/组	
锤子	1 把/组	
台虎钳	1 个/组	
润滑油	1 壶/组	

二、实施步骤

1. 检查

检查工具是否齐全完好。

2．平键的拆卸

拆卸前应先轻轻敲击图 2-69 所示平键的键头，使之振松。在键的两侧垫上铜片，用钢丝钳夹住然后拉出。如果键的中部有起键螺钉孔，可用螺钉拧入螺孔中将键顶出。

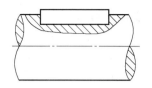

图 2-69　平键的拆卸

注意：严禁在键的配合侧面击打；切忌用螺钉旋具硬凿、硬敲，以免损坏键和键槽。

3．认识普通平键

普通平键是最常用的连接键，它的截面为长方形，一半嵌入轴槽，另一半插入轮毂槽。平键的顶面与轮毂槽面间有间隙，两侧面与轮毂槽紧密接触，借以传递转矩。平键有 A 型、B 型、C 型三种，A 型为圆头平键（见图 2-70a），定位可靠，应用最广泛；B 型为平头平键（见图 2-70b），有时要用螺栓顶住，以免松动；C 型为半圆头平键（见图 2-70c），只用于轴端。其中，A 型平键应用最广泛。

根据轴的直径从国家标准中选择键宽（b）和键高（h），键的长度 L 略小于轴上零件轮毂的长度，并要符合键的长度系列。

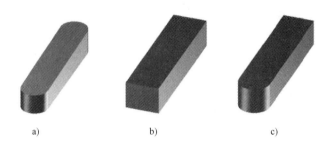

a)　　　　　　　　b)　　　　　　　　c)

图 2-70　普通平键结构型式

a）圆头平键　b）平头平键　c）半圆头平键

普通平键连接装配图的画法如图 2-71 所示。当沿着键的纵向剖切时，按不剖绘制；当沿着键的横向剖切时，则要画上剖面线。通常用局部剖视图表示轴上键槽的深度及零件之间的连接关系，接触面画一条线。

4．键的安装

安装前，应先检查并清除键槽和键上的毛刺、飞边和异物，表面粗糙度值应控制在 $Ra1.6 \sim Ra6.3\mu m$。检查键的直线度，键头与键槽长度应留有 0.1mm 的间隙，键两侧应有一定的配合紧度，键的顶面和轮

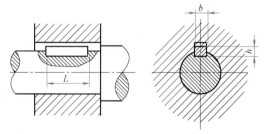

图 2-71　普通平键连接装配图的画法

毂之间应留有间隙，键的底面与轴上的键槽应接触良好，并保证键在键槽中平正、无旷动。然后在配合面上加润滑油，将键平正放入键槽，用锤子轻击敲紧。若发现配合过紧，应锉修键的侧面，但不允许出现松动，以防切槽；若过松时，应重新配键；若键槽已经磨损，应锉修或重开键槽。

【项目评价标准】（表2-18）

表 2-18　项目评价标准

评价内容		评价要点	评价标准
知识	轴	轴的类型、结构	1. 正确指出机器中轴的类型 2. 正确给出阶梯轴各部分的名称 3. 正确掌握出轴上零件的固定方法
	滚动轴承	滚动轴承的结构、类型、代号	1. 正确指出滚动轴承各部分的名称及作用 2. 正确指出机器中滚动轴承的类型 3. 正确解释滚动轴承上所标代号的含义
	齿轮	齿轮的结构、类型，圆柱齿轮的参数，直齿圆柱齿轮各部分尺寸的计算	1. 正确指出齿轮各部分的结构与作用 2. 正确指出机器中所用齿轮的类型 3. 正确给出直齿圆柱齿轮五个基本参数的名称与含义 4. 正确完成直齿圆柱齿轮各部分尺寸的计算
	键	键的类型与作用;键的标记	1. 正确指出轴上所用键的类型与作用 2. 正确解释键的标记的含义
	零件图	1. 零件图的识读方法 2. 轴承、齿轮、键在装配图中的规定画法	1. 正确指出零件图标题栏所包含的内容 2. 正确指出零件图各个视图的名称、各视图所表达的重点 3. 正确指出零件图上包含的总体尺寸、定形尺寸与定位尺寸 4. 正确指出表面粗糙度、极限、几何公差的含义与符号，能结合具体零件图解释上述技术要求的含义 5. 正确掌握轴承、齿轮、键等零件的规定画法
能力	滚动轴承的拆装	1. 工具的使用 2. 滚动轴承的拆装方法	1. 顶拔器、锤子、铜棒、压力机等工具的正确使用 2. 了解滚动轴承的拆装方法与注意事项
	齿轮的拆装	1. 工具的使用 2. 齿轮拆装方法	1. 顶拔器、锤子、铜棒、压力机等工具的正确使用 2. 了解齿轮的拆装方法与注意事项
	键的拆装	1. 工具的使用 2. 滚动轴承的拆装方法	1. 钢丝钳、锤子等工具的正确使用 2. 了解普通平键的拆装方法与注意事项
素质		1. 安全意识 2. "5S"意识 3. 团队合作意识	1. 服装鞋帽等符合工作现场要求 2. 按安全要求规范使用工具 3. 工作现场进行整理并达到"5S"要求 4. 遇到问题发挥团队合作作用

【知识拓展】

滑动轴承简介

按运动元件的摩擦性质不同，轴承可分为两大类，即滑动轴承和滚动轴承。

滑动轴承工作时，轴与轴承间存在滑动摩擦。为减小摩擦与磨损，在轴承内常加有润滑剂。

滚动轴承内有滚动体，运行时轴承内存在滚动摩擦，与滑动轴承相比，摩擦与磨损较小。

滚动轴承易起动，具有载荷、转速及工作温度的适用范围较广、轴向尺寸小、润滑、维护方便等优点。滚动轴承的缺点主要是对冲击、振动敏感，对轴颈与轴承孔公差要求较严，噪声较大，转速有一定限制。滚动轴承已标准化，由专业工厂大批生产，在机械中应用非常广泛。

滑动轴承结构简单，易于制造，可以剖分，便于安装，在高速、重载、高精度、结构要求剖分的场合，显示出比滚动轴承更大的优越性。因而在汽轮机、大型电动机、内燃机、机床和铁路机车等机械中被广泛应用。此外，在低速且带有冲击的机械中（如水泥搅拌机、破碎机等）和许多低要求场合也常用滑动轴承。

一、滑动轴承的结构

滑动轴承一般由轴承座、轴瓦（或轴套）、润滑装置和密封装置等部分组成。轴瓦是直接与轴颈接触的工作部分，它的好坏决定了轴承的质量。根据所受载荷的不同，滑动轴承可分为承受径向载荷的向心轴承和承受轴向载荷的推力轴承；根据结构不同，滑动轴承可分为整体式、对开式和调心式三种形式。

1. 整体式滑动轴承

图 2-72 所示为整体式滑动轴承，它由轴承座 1 和轴套 2 组成。这种轴承已标准化，具体结构和尺寸可查 JB/T 2560—2007。实际上，将轴直接穿入在机架上加工出的轴承孔，即构成了最简单的整体式滑动轴承。

这种轴承结构简单、制造容易、成本低，常用于低速、轻载而不需要经常装拆的场合，如小型绞车、手摇起重机械、农业机械等。它的缺点是轴在安装时，只能从轴承的端部装入，不方便；轴瓦磨损后，轴与孔之间的间隙无法调节。

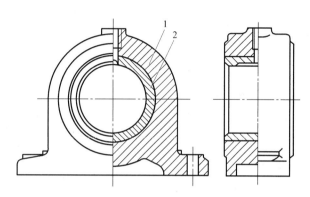

图 2-72　整体式滑动轴承
1—轴承座　2—轴套

2. 对开式滑动轴承

图 2-73 所示为对开式滑动轴承。它由轴承座 3、轴承盖 2、上轴瓦 4、下轴瓦 5 和双头螺柱 1 等组成。为了保证轴承润滑，可在轴承盖上注油孔处加润滑油。为便于装配时对中，轴承盖和轴承座配合处做成阶梯形定位止口。

对开式滑动轴承的轴瓦在装配后，上下轴瓦要适当压紧，使其不随轴转动。对开式滑动轴承的类型很多，现已标准化，其结构和尺寸可查阅 JB/T 2561—2007 和 JB/T 2563—2007。

剖分式滑动轴承装拆方便，轴瓦与轴的间隙可以调整，应用广泛。

3. 调心式滑动轴承

当轴承宽度 B 与轴承直径 d 之比 B/d 大于 1.5 时，轴的变形可能会使轴瓦端部和轴颈出现"边缘接触"，如图 2-74a 所示，从而导致轴

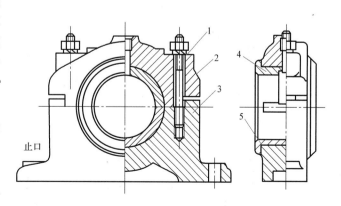

止口

图 2-73　对开式滑动轴承
1—双头螺柱　2—轴承盖　3—轴承座　4—上轴瓦　5—下轴瓦

承过早破坏。为防止这种情况发生，将轴瓦与轴承应配合的表面做成球面，能自动适应因轴或机架工作时的变形而造成的轴颈与轴瓦不同轴线的情况，避免出现边缘接触。这种轴承称为调心轴承，如图 2-74b 所示。

二、轴瓦的结构和材料

轴瓦（轴套）是滑动轴承中直接与轴颈接触的零件，它的结构和材料对轴承的性能有直接影响，并且直接影响轴承的寿命、效率和承载能力。

1. 轴瓦（轴套）的结构

整体式滑动轴承的轴瓦常采用圆筒形轴套，如图 2-75a 所示；对开式滑动轴承的轴瓦则采用对开式轴瓦，如图 2-75b 所示。它们的工作表面既是承载面，又是摩擦面，因而是滑动轴承中的重要零件。

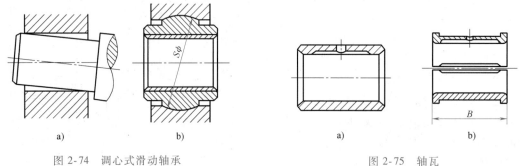

图 2-74　调心式滑动轴承
a）轴变形后造成的"边缘接触"　b）调心轴承

图 2-75　轴瓦
a）轴套　b）对开式轴瓦

为使润滑方便，轴瓦内壁上开有油槽，油槽上方开有油孔（图 2-76），可将润滑油引入轴颈和轴瓦间的摩擦面，使之建立起必要的润滑油膜。油槽一般开在非承载区，并不得与端部接通，以免大量漏油，通常轴向油槽长度为轴瓦宽度的 80%。

为了改善轴瓦表面的摩擦性能，提高相对运动速度和承载能力，常在轴瓦的内表面浇注一层轴承合金作为减摩材料，此层材料称为轴承衬。为使轴承衬牢固地贴附在轴瓦内表面，常在轴瓦上预制一些燕尾式沟槽等，如图 2-77 所示。

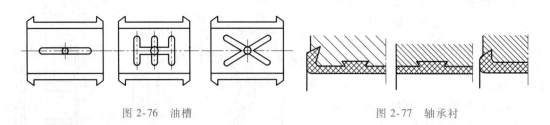

图 2-76　油槽

图 2-77　轴承衬

2. 对轴瓦材料的要求

滑动轴承座一般都采用铸铁，这是由于铸铁减振性良好，而且铸造性、可加工性也较好。在受力较大或有冲击、振动的场合，滑动轴承座可采用低碳钢锻造，也可采用焊接结构或球墨铸铁制造。

轴瓦是滑动轴承的主要零件，对材料有较高的要求。由于非液体摩擦滑动轴承工作时轴瓦与轴颈直接接触并有相对运动，故常见的失效形式是磨损、胶合或疲劳破坏。因此，对轴瓦材料的主要要求是：

（1）良好的减摩性、耐磨性和导热性　有了减摩性与耐磨性才能有效地减少磨损。热量是加速磨损甚至烧伤的重要因素，必须及时导出。因此轴瓦的材料要有良好的减摩性、耐磨性和导热性。

（2）适当的硬度　提高轴瓦的性能时要注意不应由此加速轴的磨损。轴比轴瓦更贵重，因此必须控制轴瓦有适当的硬度。

（3）较高的磨合性、耐蚀性　通过磨合使轴与轴瓦配合良好，减少摩擦发热；耐蚀性能可防止油、酸腐蚀轴瓦。

（4）良好的工艺性和经济性　轴瓦是易损件，有了良好的工艺性、经济性才是合算的。

3. 常用的轴瓦、轴承衬材料

（1）轴承合金　常用的有锡基和铁基合金，它们的减摩性、抗胶合性和塑性良好，但强度低、价格贵。

（2）青铜　青铜的强度高、承载能力大、导热性好，可在较高温度下工作，但塑性差，不易磨合，与之相配的轴颈需淬硬磨光。

（3）粉末冶金　用金属粉末烧结而成，具有多孔性组织，孔隙中能吸储大量的润滑油。工作时，孔隙中的润滑油通过轴转动的抽吸和受热膨胀的作用，能自动进入滑动表面起润滑作用。轴停止运转时，油又自动吸回孔隙中被储存起来。由于它不需要经常加油，故又称之为含油轴承。常用的含油轴承有铁-石墨和青铜-石墨两种。粉末冶金的价格低廉、耐磨性好，但韧性差，适用于低速、轻载、加油困难或要求清洁的场合，如食品机械、纺织机械和洗衣机等机械中。

（4）非金属材料　非金属材料主要有塑料、硬木、橡胶等，其中塑料应用最广。塑料的优点是：耐磨、耐腐蚀、摩擦因数小；具有良好的吸振和自润滑性能。缺点是：承载能力低、热变形大、导热性和尺寸稳定性差。

三、滑动轴承的润滑和润滑装置

轴承润滑的目的在于减小轴承中的摩擦和磨损，同时起冷却、吸振和防锈的作用。因此，轴承能否正常工作与润滑有很大的关系。滑动轴承常用的润滑剂有润滑油（机械有 N5、N7、N10、N15、N22 等）和润滑脂（钙基润滑脂、钠基润滑脂和锂基润滑脂等）。

滑动轴承的润滑有连续供油和间歇供油两种方式，间歇式供油只能用于低速、轻载的轴承，对较重要的轴承应采用连续式供油。常用的供油方式及润滑装置有以下几种。

1. 手工润滑

这种给油方法最简单，主要用于低速、轻载场合。手工润滑所用的润滑装置为图 2-78 所示的油杯。其中图 2-78a 所示为压注式油杯，需用油枪压入其中；图 2-78b 所示为旋盖式油杯。油杯的相关标准可参阅《机械设计手册》。

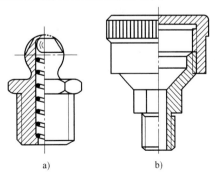

图 2-78　油杯

a）压注式油杯　b）旋盖式油杯

2. 滴油润滑

滴油润滑是依靠油的自重通过润滑装置向润滑部位滴油进行润滑。图 2-79 所示为针阀油杯，当手柄卧倒时（图示位置），阀口封闭；当手柄直立时，阀口开启，润滑油即流入轴承。图 2-80 所示为弹簧盖油杯，利用毛细管用，由油芯把润滑油不断地滴入轴承。滴油润滑使用方便，但给油量不易控制，振动、温度的变化以及油面的高低，都会影响给油量，一般只用于非液体摩擦滑动轴承。

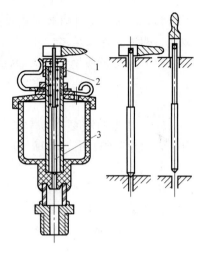

图 2-79 针阀油杯

1—手柄 2—螺母 3—阀杆

3. 油环润滑

如图 2-81 所示，轴颈 1 上套有油环 2 并下垂浸到油池里，当轴旋转时，靠摩擦力带动油环转动，把油带入轴承中进行润滑。这种方法结构简单、供油充分、维护方便，但轴的转速不能太高或太低。油环润滑适用于转速为 50~3000r/min 的水平轴。

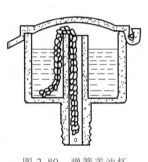

图 2-80 弹簧盖油杯

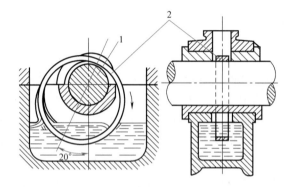

图 2-81 油杯润滑

1—轴颈 2—油环

4. 飞溅润滑

在闭式传动中，利用旋转零件（如齿轮）将油池中的油溅成细滴或雾状，直接飞入或汇集到油沟内流入轴承中润滑。此种润滑方法简单可靠，适用于浸油零件的圆周速度 $v<12m/s$ 的场合。另外，应设置油面指示器以便检查油位，油面指示器的标准见《机械设计手册》。

5. 压力循环润滑

压力循环润滑是利用油泵以一定的工作压力将油通过油管送到各润滑部位。其供油量可调节，能保证连续供油，工作安全可靠，但结构较复杂，广泛应用于大型、中型、高速、精密和自动化机械设备上，如机车空气压缩机中的润滑。

单元巩固与提高

项 目 一

一、填空题

1. 按用途不同，螺纹可分为_____螺纹和_____螺纹两大类。

2. 普通粗牙螺纹截面牙型是_____，牙型角_____，主要用于_____。

3. 螺栓连接是用螺栓_____，套上垫圈，拧紧螺母使两机件连接的。主要用于上下两边_____，而被连接件_____的场合。

4. 双头螺柱连接是将双头螺柱一头旋入_____的螺纹孔中，一头穿过_____，_____，套上垫圈，拧紧螺母使两机件连接的。主要用在_____或_____。

5. 用定位销进行平面定位时，应该用_____个，且相距越_____越好。

6. 销主要起_____的作用，并可传递不大的_____。

二、选择题

1. 连接螺纹一般都采用（　　　）。

A. 普通螺纹　　　　　　B. 管螺纹　　　　　　C. 梯形螺纹　　　　　　D. 矩形螺纹

2. 常见连接螺纹的螺旋线线数和绕行方向是（　　　）。

A. 单线右旋　　　　　　B. 双线右旋　　　　　　C. 三线右旋　　　　　　D. 单线左旋

3. 主要用于连接的牙型是（　　　）。

A. 三角形螺纹　　　　　B. 梯形螺纹　　　　　　C. 矩形螺纹　　　　　　D. 锯齿形螺纹

4. 螺钉连接一般应用在（　　　）的场合。

A. 需经常装拆的连接

B. 被连接件之一太厚且不经常装拆

C. 被连接件不太厚并能从被连接件两边进行装配

D. 受结构限制或希望结构紧凑且需要经常装拆

5. 铸造铝合金 ZL104 的箱体与箱盖用螺纹连接，箱体被连接处厚度较大，要求连接结构紧凑，且需经常拆卸箱盖进行修理，一般采用（　　　）。

A. 螺钉连接　　　　　　　　　　　　B. 螺栓连接

C. 双头螺柱连接　　　　　　　　　　D. 紧定螺钉连接

6. 在螺纹连接的防松方法中，弹簧垫属于（　　　）防松。

A. 利用摩擦　　　　　B. 利用机械　　　　　C. 永久

7. 销是一种（　　　），其形状和尺寸已标准化。

A. 标准件　　　　　　B. 连接件　　　　　　C. 传动件　　　　　　D. 固定件

8. （　　　）连接在机械中主要是定位、锁定零件，有时还可作为安全装置的过载剪断零件。

A. 键　　　　　　　　B. 销　　　　　　　　C. 滑键　　　　　　　D. 螺纹

9. 销连接在机械中除起到连接作用外，还起（　　　）和保险作用。

A. 传动作用　　　　　B. 定位作用　　　　　C. 过载剪断　　　　　D. 固定作用

10. 圆柱销一般靠（　　　）固定在孔中，用以定位和连接。

A. 螺纹　　　　　　　B. 过盈　　　　　　　C. 键　　　　　　　　D. 防松装置

三、简答题

1. 螺纹连接的基本类型有哪些？减速器箱体与箱座的螺纹连接属于哪一种类型？
2. 螺纹连接为什么要防松？常用的防松方法有哪些？
3. 销连接应用的特点是什么？
4. 圆柱销和圆锥销各有什么特点？各用于什么场合？

项　目　二

一、选择题

1. 下列各轴中，_____是心轴。

A. 自行车的前轴　　　　　　　　　　B. 自行车的中轴（链轮轴）

C. 减速器中的齿轮轴　　　　　　　　D. 车床的主轴

2. 自行车后轴是_____。

A. 心轴　　　　　　　B. 转轴　　　　　　　C. 传动轴　　　　　　D. 阶梯轴

3. 如果轴和支架的刚性较差，要求轴承能自动适应其变形，应选用_____滑动轴承。

A. 整体式　　　　　　　　　　　　　B. 剖分式

C. 调心式　　　　　　　　　　　　　D. 推力

4. 为了把润滑油导入整个摩擦面，应该在轴瓦的_____开设油槽。

A. 承载区　　　　　　　　　　　　　B. 非承载区

C. 轴径与轴瓦的最小间隙处　　　　　D. 端部

5. 只能承受径向力而不能承受轴向力的轴承是_____。

A. 深沟球轴承　　　　　　　　　　　B. 角接触球轴承

C. 圆柱滚子轴承　　　　　　　　　　D. 调心滚子轴承

6. 润滑剂的作用有润滑作用、冷却作用、（　　　）、密封作用等。

A. 防锈作用　　　　　　　　　　　　B. 磨合作用

C. 静压作用　　　　　　　　　　　　D. 稳定作用

7. 润滑剂有润滑油、润滑脂和（　　　）。

A. 液体润滑剂　　　　　　　　　　　B. 固体润滑剂

C. 冷却液　　　　　　　　　　　　　D. 润滑液

8. 常用固体润滑剂有石墨、二硫化铝、（　　　）。

A. 润滑脂　　　　　　　　　　　　　B. 聚四氟乙烯

C. 钠基润滑脂　　　　　　　　　　　D. 锂基润滑脂

9. 能够实现两轴转向相同的齿轮机构是_____。

A. 外啮合圆柱齿轮机构　　　　　　　B. 内啮合圆柱齿轮机构

C. 锥齿轮机构　　　　　　　　　　D. 蜗杆蜗轮机构

10. 直齿圆柱齿轮中，具有标准模数和压力角的圆是_____。

A. 基圆　　　　　　　　　　　　B. 齿根圆

C. 齿顶圆　　　　　　　　　　　D. 分度圆

11. 下列斜齿圆柱齿轮螺旋角中，_____是实际中常用的。

A. $2° \sim 8°$　　　　　B. $8° \sim 20°$　　　　　C. $20° \sim 30°$　　　　　D. $30° \sim 45°$

12. 锥齿轮机构中应用最多的是_____轴交角的传动。

A. $45°$　　　　　　　B. $60°$　　　　　　　C. $75°$　　　　　　　D. $90°$

13. 润滑良好的闭式传动的软齿面齿轮，其主要失效形式是_____。

A. 轮齿折断　　　　　　　　　　B. 齿面疲劳点蚀

C. 齿面磨损　　　　　　　　　　D. 齿面胶合

14. 平键的工作表面是_____。

A. 上面　　　　　　　　　　　　B. 下面

C. 上、下两面　　　　　　　　　D. 两侧面

15. 能构成松键连接的是_____。

A. 楔键和半圆键连接　　　　　　B. 平键和半圆键连接

C. 半圆键和切向键连接　　　　　D. 楔键和切向键连接

二、综合题

1. 指出图 2-82 所示卷扬机的四根轴按受载情况各是什么轴？

2. 指出下列滚动轴承代号的含义：

6201　　　　　　　　60209/P6

N2315　　　7007AC

3. 滚动轴承的装拆要注意哪些问题？

4. 什么是模数？其单位是什么？当齿轮齿数不变时，模数与齿轮的几何尺寸、轮齿的大小和齿轮的承载能力有什么关系？

5. 一对标准直齿圆柱齿轮传动，其大齿轮已损坏。已知小齿轮的齿数 $z_1 = 24$，齿顶圆直径 $d_a = 130\text{mm}$，两齿轮传

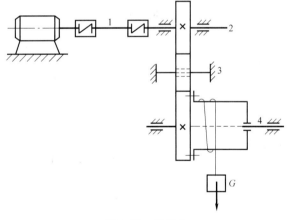

图 2-82　卷扬机

动的标准中心距 $a = 225\text{mm}$。试计算这对齿轮的传动比和大齿轮的模数 m、齿数 z、分度圆直径 d_2、齿顶圆直径 d_{a2}、齿根圆直径 d_{f2}、齿顶高 h_a、齿根高 h_f、全齿高 h、齿距 p、齿厚 s 和齿槽宽 e。

6. 松键连接与紧键连接有什么区别？

7. 普通平键分哪几种类型？GB/T 1096　键 $10 \times 8 \times 50$ 的含义是什么？

8. 三视图的位置关系、投影对应关系与方位对应关系都分别是什么？

9. 想一想，并画一画我们所熟悉的规范建筑砖，它的长、宽、高各是多少？它的三视图是怎样的？当把砖变换一个方向放置之后形成的三视图又是怎样的？

10. 基本视图通常包括哪几种？它主要表达机件的外部形状还是内部形状？

11. 断面图和剖视图有哪些区别？

12. 观察物体的三视图，辨认其相应的轴测图，在圆圈内填写对应的序号。

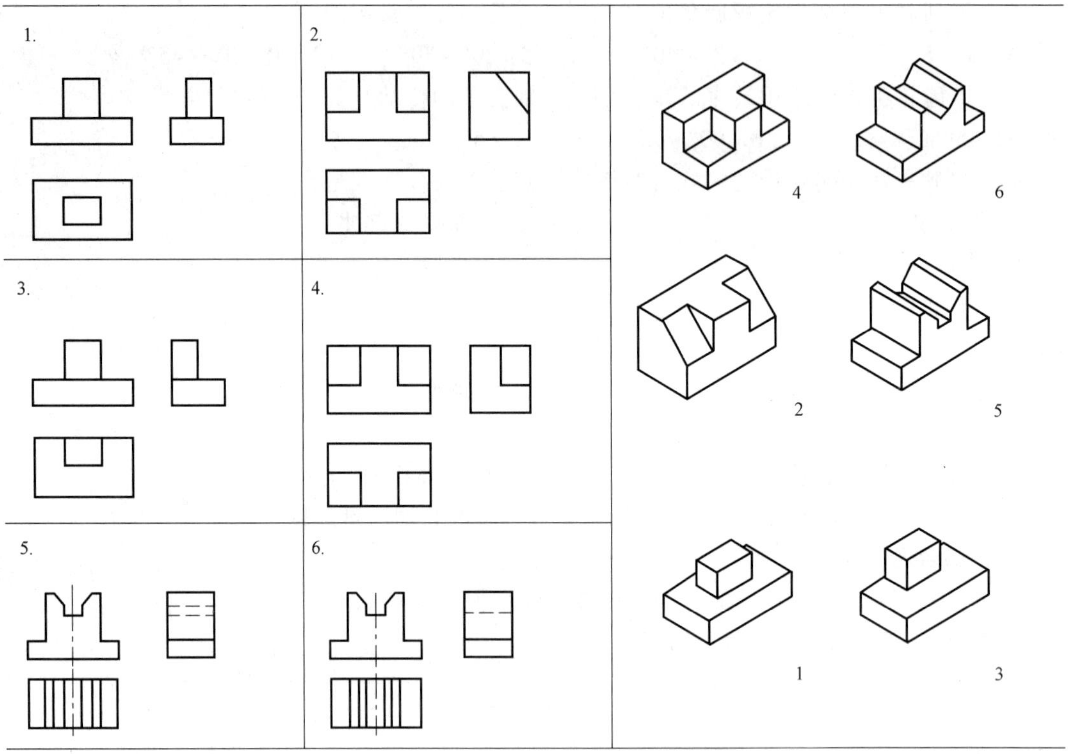

13. 识读图 2-83 所示的泵体零件图，回答下列问题。

（1）零件名称_____，材料_____，比例_____。

（2）泵体用_____个视图表示，各视图的名称及剖切方法是_____。

（3）G3/8 是_____螺纹，3/8 是螺纹的_____，螺纹的旋向为_____，螺纹大径为_____。

（4）螺孔尺寸 6×M8-7H▼20 中的 6 表示_____，M8 表示_____，7H 表示_____，▼20 表示_____。

（5）在图上用指引线指出该零件长、宽、高方向尺寸的主要基准。

（6）ϕ14H7 的含义为_____。

（7）销孔 ϕ14H7 的定位尺寸是_____。

（8）泵体的加工表面上，要求最高的表面粗糙度代号为_____。

（9）图中有_____处几何公差代号，解释框格 $\boxed{\,/\!/\ |\ 0.04\ |\ B\,}$ 的含义：被测要素是_____。基准要素是_____，公差项目_____，公差值是_____。

（10）轴用_____个视图表示，各视图的名称及剖切方法是：_____
_____。

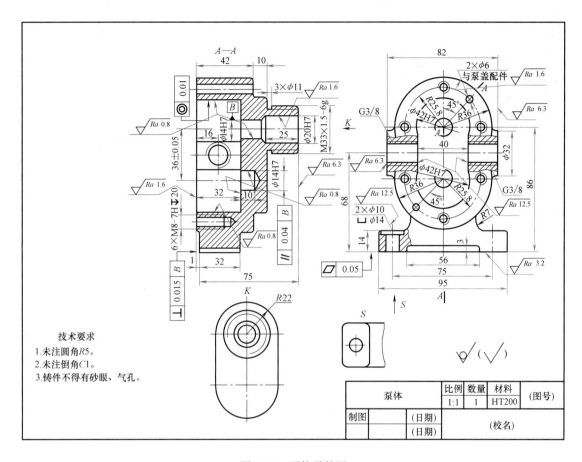

技术要求
1.未注圆角R5。
2.未注倒角C1。
3.铸件不得有砂眼、气孔。

泵体	比例	数量	材料	(图号)
	1:1	1	HT200	
制图		(日期)		(校名)
		(日期)		

图 2-83　泵体零件图

单元小结（图2-84）

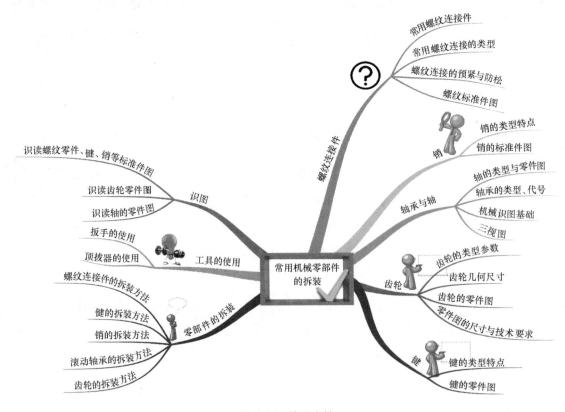

图 2-84　单元小结

单元二

常用机械传动机构的组装

单 元 概 述

装配图是生产中重要的技术文件。减速器是一种普遍通用的机械设备。本单元通过完成双级圆柱齿轮减速器的组装项目，掌握装配图的作用、内容、表达方法及其识读方法，掌握齿轮传动、带传动的基本理论及其在工程中的应用。通过完成蜗杆减速器的组装项目，理解装配图中的公差与配合，掌握蜗杆传动的特点及应用，掌握联轴器的类型、特点及应用，进而学习四杆机构、凸轮机构的类型、组成、工作特性及工程应用。

知 识 目 标

1. 掌握装配图的作用、内容、常用表达方法。
2. 掌握装配图的识读方法与步骤。
3. 掌握齿轮传动、带传动、蜗杆传动的基本参数、特点及基本维护常识。
4. 掌握联轴器、四杆机构、凸轮机构的类型、组成、特点及工程应用。
5. 了解减速器的组成及基本装配方法、步骤。

能 力 目 标

1. 会识读减速器装配图。
2. 能够区分工程中常用的齿轮传动、带传动、蜗杆传动，掌握联轴器、四杆机构、凸轮机构等的类型、结构组成及传动特点。
3. 通过识读装配图及完成减速器的装配来提高识图能力和实际动手操作能力。

1. 通过对减速器的组装，树立工程意识，养成课前工位检查、课中正确码放工具与零件、课后工位整理的习惯，培养"5S"生产习惯。

2. 合作完成项目任务，增强团队合作、沟通交流的能力。

3. 培养一丝不苟的工作作风和认真负责的工作态度。

项目三

双级圆柱齿轮减速器的组装

【项目描述】

在产品或部件的设计过程中，一般先设计画出装配图，然后再根据装配图进行零件设计，画出零件图；在产品或部件的制造过程中，先根据零件图进行零件加工和检验，再按照装配图所制订的装配工艺规程将零件装配成机器或部件；在产品或部件的使用、维护及维修过程中，也经常要通过装配图来了解产品或部件的工作原理及构造。本项目主要完成双级圆柱齿轮减速器装配图的识读，并根据装配图完成减速器轴系零件、减速器箱体的组装。

本项目包括三个任务。

$$\text{双级圆柱齿轮}\atop\text{减速器的组装}\left\{\begin{array}{l}\text{任务一 识读双级圆柱齿轮减速器装配图}\\\text{任务二 拆装齿轮传动机构}\\\text{任务三 组装箱体}\end{array}\right.$$

任务一 识读双级圆柱齿轮减速器装配图

【任务描述】

本任务主要是依据装配图完成双级圆柱齿轮减速器的组装。通过减速器的组装，识读减速器装配图，掌握装配图的作用、内容、常用表达方法，初步掌握识读装配图的方法、步骤。

【任务分析】

一台机器或一个部件，都是由若干个零件按一定的装配关系和技术要求装配起来的。表示机器或部件（装配体）的图样，统称为装配图。其中表示部件的图样，称为部件装配图；表示一台完整机器的图样，称为总装配图或总图，如减速器装配图。装配图和零件图一样，同属于生产中必不可少的技术资料。

通过分析双级圆柱齿轮减速器装配图、各零件间的装配关系及零件的主要结构，分析传动关系、学习装配图的基本知识、学习装配图常用表达方法及识读装配图的方法与步骤。

【相关知识】

一、装配图的作用和内容

装配图用来表达机器（或部件）的构造、工作原理、装配关系和技术要求等。在设计机器或部件时，应先画出其装配图，然后根据装配图绘制零件图。待零件加工制造完毕后，再把合格的零件根据装配图组装成部件或机器。

装配图是指导装配、检验、安装、调试的技术依据。在使用和维修过程中，通过装配图了解其使用性能、传动路线和操作方法，以便操作使用正确、维修保养及时。因此，装配图是反映设计思想、指导生产、交流技术的重要工具，是生产中的重要技术文件。

阅读图 3-1 所示的双级圆柱齿轮减速器装配图（见书后插页），由图可以看出，一张完整的装配图包括下列内容：

1. 一组视图

采用必要的视图、剖视图、断面图和其他表达方法，用来说明机器或部件的工作原理、传动路线、结构特点，以及各零件之间的相对位置和装配关系。

一般将机器或部件按工作位置放置，使装配体的主要轴线、主要安装面等呈水平或铅垂位置，选择最能反映机器或部件的工作原理、零件间装配关系及主要零件的主要结构的视图作为主视图。对于主视图没有表达清楚的内容，再考虑用其他视图及其相应的表达方法来表达。

由于组成装配体的各零件往往相互交叉、遮盖而导致投影重叠，因此，装配图一般都要画成剖视图，以使装配关系表达得更清晰。

2. 必要的尺寸

根据装配图的作用，在装配图上只需标出说明机器或部件的性能、装配关系、外形大小和安装要求等所需的尺寸。由于装配图并不用于指导零件的加工与检验，所以装配图不需要把零件的全部尺寸都标注上去，只需标注下列几种必要尺寸：

（1）性能尺寸（规格尺寸） 反映该部件或机器的规格和工作性能的尺寸。这种尺寸在设计时要首先确定，它是设计、了解和选用机器的依据。

（2）装配尺寸 表示装配体内部零件与零件之间的配合尺寸和它们之间相对位置的定位尺寸。

（3）安装尺寸 将部件安装在机器上或机器安装在基础上，需要确定的尺寸。

（4）外形尺寸 表示机器或部件总长、总宽、总高的尺寸。它是包装、运输、安装和厂房设计时所需的尺寸。

（5）其他重要尺寸 在设计中经过计算或根据需要而确定的尺寸。

上述五种尺寸，并不是每张装配图上都必须全部标注，应根据具体情况来考虑装配图上的尺寸标注。

3. 零件编号、明细栏和标题栏

为了便于看图和生产管理，在装配图的视图中用指引线依次标出各零件的序号。在标题栏上方绘制出各零件的明细栏以注明和图中编号相应的各零件的件号、名称、规格、数量、材料和标准件的标准代号等。

（1）零件编号

1）指引线的规定画法：

① 指引线应从零部件可见轮廓内（画一个小黑点）引出，如图 3-2a、b、c 所示。当不便在零件轮廓内画出小黑点时可用箭头代替，箭头指在该零件轮廓线上，如图 3-2d 所示。

② 指引线不得与轮廓线或剖面线平行，且互不相交，必要时可转折一次，如图 3-2e 所示。

③ 对一组紧固件或装配关系清楚的零（组）件可共用一条指引线，如图 3-2f、g 所示。

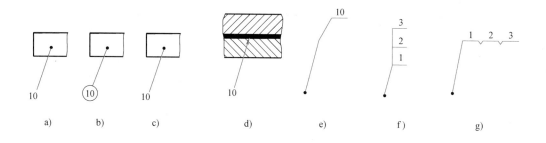

图 3-2　序号的组成

2）序号的注写形式：

① 每个零件、部件只注一个序号，对标准件的组件（如滚动轴承）也只编一个序号。

② 序号的数字注写在指引线末端的水平线上、圆圈内或指引线的附近，数字的高度要比图中所标注的尺寸数字大 1 号或 2 号，如图 3-2a、b、c 所示。

3）序号应按顺时针或逆时针方向在图形的外面整齐排列，并尽量使序号间隔相等。

（2）标题栏和明细栏　标题栏和明细栏是零部件的详细目录，其形式和内容均已标准化，设计部门和企业应严格遵守。

标题栏主要说明机器或部件的名称、比例、厂名等。

明细栏一般放置在标题栏的上方，若位置不够时，可移到标题栏的左侧。明细栏中的序号应与图中零部件序号相对应，按自下而上的顺序填写，以便发现漏编零件时续编，因此，明细栏最上面的边框线画细实线。

4. 技术要求

说明机器或部件的性能，以及在装配、检验、安装和使用中必须满足的各项技术要求。

（1）装配要求　指装配过程中的注意事项，装配后应达到的性能要求。

（2）检验要求　指对装配体基本性能的检验、试验、验收方法的说明等。

（3）使用要求　对装配体在使用、安装、调试、维护时提出的要求。

装配图上的技术要求一般用文字注写在图样下方空白处。

二、装配图常用的表达方法

零件图的各种表达方法在装配图中同样适用。但是由于装配图所表达的目的与零件图不同，且零件数量较多，零件之间存在遮挡关系，因此，装配图在表达方法上有自己独特的规定画法和特殊表达方法。

1. 装配图的规定画法

（1）接触面与配合面的画法 两零件的接触面和配合面（包括间隙配合）按规定只画一条线。而非接触面、非配合面即使是间隙再小也应画两条线。

（2）剖面线的画法

1）同一个零件的剖面线在各剖视图、断面图中应保持方向相同、间隔相等。

2）相邻零件的剖面线倾斜方向应相反。

3）三个零件相邻时，其中两个零件的剖面线方向相反，第三个零件要采用不同的剖面线间隔并与同方向的剖面线错开。

（3）实心件和紧固件的画法 装配图中的标准件（如螺钉、螺栓、螺母、垫圈、销、键等）和实心件（如轴、连杆、手柄、球等），如按纵向剖切（回转体要通过轴线），则这些零件均按不剖绘制（即不画剖面线）。

当实心件上有些结构形状和装配关系需要表明时，可采用局部剖视来表达。

2. 装配图的特殊表达方法

（1）夸大画法 对于装配图中的薄片、细小的零件、小间隙，若按全图采用的比例画出，表达不清楚，允许将它们适当夸大画出。

（2）简化画法

1）装配图上零件的工艺结构，如倒角、倒圆、退刀槽等允许不画。

2）装配图中若干相同的零件组，如螺栓、螺钉、螺母等，允许仅画出一处，其余用点画线表示中心位置。

（3）拆卸画法 在装配图中，当某些零件遮住了所需表达的其他部分时，可假想将这些零件拆去，然后将所需表达的其他部分画出，这种表达方法称为拆卸画法。采用拆卸画法时，为了便于看图，应在所画视图的上方加注"拆去××等"。

（4）假想画法

1）对于运动零件的运动范围和极限位置，可用双点画线表示。

2）对于不属于本装配体但与本装配体有密切关系的相邻零件，可用双点画线表示其轮廓形状。

【任务实施】

一、工作准备

活扳手1把、呆扳手1套、套筒扳手1套、十字螺钉旋具1把、一字螺钉旋具1把、锤子1把、毛刷1把、钢直尺1把，游标卡尺1把，解体双级圆柱齿轮减速器一台（各零部件完好）。

二、实施步骤

1. 检查

检查所使用工具完好无损。检查减速器零部件完好，核对零部件数量正确。

2. 识读减速器装配图

机器（或部件）的设计、制造、装配、使用、检修，以及开展技术交流等都需要读装配图。看懂装配图是工程技术人员必须具备的基本技能。识读装配图的目的是了解机器（或部件）的构造、性能、整体组成、工作原理，搞清各零件之间的装配关系及各零件的主要形状结构和作用。

识读装配图一般按表 3-1 的方法和步骤进行。

表 3-1　识读装配图的方法和步骤

步骤	1. 概括了解	2. 分析工作原理及装配关系	3. 读懂零件	4. 归纳总结
具体要求	①阅读标题栏或说明书了解装配体的名称及用途 ②对照明细栏和零件编号，了解各零件的名称、数量、材料和位置 ③浏览全图，了解装配体的大致结构及大小	①分析各视图的表达方法，搞清它们的表达意图 ②分析尺寸及技术要求 ③分析工作原理 ④分析零件之间的装配关系	①从装配图中区分零件 ②分析零件的作用 ③利用形体分析法和线面分析法，构思零件的形状	对装配体的构造、工作原理、装配关系等做进一步的分析研究，加深理解

在实际读图时，并非都要用上述的方法和步骤按部就班地孤立进行，而应根据装配体结构特点和不同用途，彼此不能分开，要互相结合，穿插进行。

（1）概括了解　首先阅读装配图标题栏，如图 3-1 所示，由标题栏可知该装配体为双级圆柱齿轮减速器，绘图比例为 1:2，减速器的基本结构由齿轮、轴和轴承、箱体、润滑和密封装置，以及附件等组成，对照序号和明细栏逐一了解 47 种零件的名称、数量、材料及安装位置。该减速器由 22 种标准件和 25 种一般零件组成。

（2）分析工作原理及装配关系

1）分析各视图的表达方法，搞清它们的表达意图。减速器装配图由主视图、俯视图和左视图三个基本视图组成，主视图采用两处局部剖切，俯视图采用一处局部剖切，左视图采用两处局部剖切，清楚地表达了减速器的结构、工作原理、传动路线及各零件的装配关系。

2）分析尺寸及技术要求。

① 分析尺寸，包括性能尺寸、安装尺寸、外形尺寸、装配尺寸和其他重要尺寸。

a. 性能尺寸（规格尺寸）。输入轴 16 与中间轴 25 的中心距为 123mm，中间轴 25 与输出轴 6 的中心距为 172.5mm，减速器轴中心高尺寸为 199.42mm。

b. 安装尺寸。减速器安装孔尺寸为 ϕ16mm，孔心距尺寸为 472mm 和 243mm。

c. 外形尺寸。总长为 612mm，总宽为 550mm，总高为 350.5mm。

d. 装配尺寸。减速完成主要配合尺寸有：齿轮 23 与输入轴 16 的配合尺寸 ϕ44H7/r6，齿轮 26 与中间轴 25 的配合尺寸 ϕ49H7/r6，齿轮 13 与中间轴 25 的配合尺寸 ϕ49H7/r6，齿轮 3 与输出轴 6 的配合尺寸 ϕ64H7/r6，轴承透盖 17 与箱体孔的配合尺寸 ϕ68H7/f8，轴承端盖 11 与箱体孔的配合尺寸 ϕ75H7/f8，轴承端盖 7 与箱体孔的配合尺寸 ϕ95H7/f8。

e. 其他重要尺寸。输入轴 16 的轴颈尺寸 ϕ40k6，中间轴 25 的轴颈尺寸 ϕ45k6，输出轴 6 的轴颈尺寸 ϕ60k6，减速器箱座底部长度尺寸 552mm，宽度尺寸 295mm。

② 分析技术要求。减速器装配图中技术要求里的五项均指对减速器安装后的要求。

3）分析工作原理。减速器是原动机（电动机）和工作机之间的闭式传动装置，用来降低转速和增大转矩，以满足工作需要。双级圆柱齿轮减速器实现减速的动力是由电动机通过带轮（图中未画出）传送至输入轴（高速轴），然后通过箱体内的两对啮合齿轮的转动，动力从输入轴经中间轴传至输出轴。

4）分析零件之间的装配关系。减速器的箱座与箱盖之间用两圆锥销定位，销孔钻成通孔以便于拔销，箱座和箱盖前后采用对称分布的8组螺栓连接，左侧用一组螺栓连接，右侧用两组螺栓连接。减速器有三条轴系，即有三条装配线，三轴分别由滚动轴承支承在箱体上，有较好的同轴度，从而保证齿轮啮合的稳定性。四个传动齿轮均使用键连接周向固定，依靠轴环和套筒进行轴向固定。轴承内圈通过轴肩或套筒固定，外圈通过端盖或透盖固定。端盖和透盖嵌入箱体内，从而确定了轴和轴上零件的轴向位置，每个端盖（透盖）通过六个均匀分布的螺钉与箱体连接起来。

（3）分析零件，弄清零件的结构形状

1）在装配图中区分零件。由于装配图所表达的目的与零件图不同，装配图中零件的数量繁多且彼此相互遮挡，所以在装配图与零件图中，读懂零件的方法是不同的。一般遵循先看主要零件，再看次要零件；先看容易分离的零件，再看其他零件；先分离零件，再分析零件的结构形状的原则。为了搞清装配图中零件的形状还应注意以下几点：

① 通过图上的不同编号区分相邻零件。

② 通过方向不同或疏密不同的剖面线区分相邻零件。

③ 通过各零件的轮廓区分相邻零件。

2）分析零件的作用和结构形状。在装配图中读零件时，应对照图中的序号和明细栏，按照先简单后复杂的顺序，逐一了解各零件的结构形状。对于生活中比较熟悉的标准件、常用件和简单零件，可先将其看懂，最后剩下个别复杂的零件，再集中精力去分析、看懂。

箱座和箱盖是减速器装配图中形状复杂、体积最大的零件，起到对其他零件的支承和包容的作用。减速器箱体采用分离式，沿轴线平面分为箱座和箱盖，这样便于安装、维修。箱体前后对称。减速器的输入轴、中间轴、输出轴均为阶梯轴。输入轴上的齿轮23和中间轴上的齿轮13为实心式齿轮，中间轴上的齿轮26和输出轴上的齿轮3为孔板式齿轮。箱体左侧装有起盖螺钉。箱盖左右两侧有两个带孔的加强肋板，箱座的左右两边有四个钩状的加强肋板，用于起吊运输。箱座下部为油池，内装有机油，供齿轮润滑，齿轮和轴承采用飞溅润滑方式，油面高度可通过箱座右侧面的油标尺检查。箱盖顶部有长方形的窥视孔，其上通过6组螺钉安装有窥视孔板，窥视孔可以观察减速器内部状态。窥视孔板上装有通气孔，是为了排放箱体内的挥发气体。箱座右侧底部装有放油螺塞，用于清洗防油。为提高箱座上的轴承（端盖）孔的支承强度，座孔下方设有支承肋板。

（4）归纳总结 通过上述的分析和综合想象，在脑子里形成对双级圆柱齿轮减速器的总体印象，图3-3所示为减速器立体图。

3. 减速器组装

（1）轴系零件的组装 对照装配图，依次完成输入轴、输出轴、中间轴上零件的组装，注意锤子、铜棒、套筒的合理使用。若轴承与轴配合过紧，可采用热配法。

（2）箱体的组装 对照装配图，完成箱体的组装，注意上下箱体接合面、轴承端盖等处的密封。

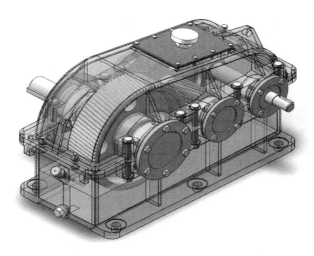

图 3-3　双级圆柱齿轮减速器立体图

任务二　拆装齿轮传动机构

【任务描述】

本任务主要是通过拆装双级圆柱齿轮减速器上的传动齿轮，掌握齿轮及其传动的类型、特点、基本参数，以及齿轮传动常见的失效形式、基本维护常识。

【任务分析】

齿轮是机器中的重要零件，属于常用件。通过对减速器中齿轮的拆装，利用对比法学习直齿圆柱齿轮、斜齿圆柱齿轮、直齿锥齿轮的传动特点、基本参数及工程应用。

【相关知识】

一、齿轮传动的特点

齿轮副是由两个相互啮合的齿轮组成的基本机构，齿轮传动是利用齿轮副来传递运动和动力的一种机械传动。齿轮副的一对齿轮的齿依次交替地接触，从而实现一定规律的相对运动的过程和形态称为啮合，齿轮传动属于啮合传动。齿轮传动可用来传递运动和转矩，改变转速的大小和方向，与齿条配合时可把转动变为移动。

与其他传动相比，齿轮传动具有如下特点：

1) 能保证瞬时传动比恒定，平稳性较高，传递运动准确可靠。

2) 速度和功率的适用范围广。

3) 传动效率高，使用寿命长，工作可靠。

4) 结构紧凑，能实现任意位置的两轴传动。

5) 制造和安装精度要求较高，加工齿轮需要用专用机床和设备，成本较高。

6）不宜用于远距离的传动。

二、齿轮传动的分类

现代齿轮机构的种类较多，有不同的分类方法，但通常按以下方式对齿轮传动进行分类。

1．按两轴的相对位置和齿向分类

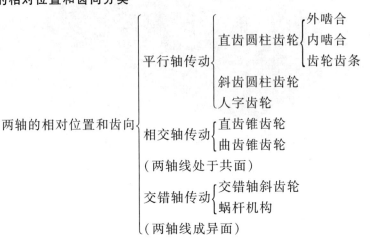

2．按工作条件分类

（1）开式　没有防尘罩或机壳，齿轮完全暴露在外面，这种传动不仅外界杂物极易侵入，而且润滑不良，因此工作条件不好，轮齿也容易磨损，故只宜用于低速及不重要的场合。

（2）半开式　齿轮传动装有简单的防护罩，有时还把大齿轮部分浸入油池中。它的工作条件虽有改善，但仍不能做到严密防止外界杂物侵入，润滑条件也不算最好。常用在农业机械、建筑机械，以及简易的机械设备中。

（3）闭式　齿轮传动装置都装在经过精确加工而且封闭严密的箱体内。它与开式或半开式的相比，润滑及防护等条件最好，多用于重要的场合，如汽车、机床等的齿轮传动中。

3．按齿轮的齿廓曲面分类

（1）渐开线齿轮　渐开线齿轮的齿面具有渐开线性质的曲面，这是应用最广泛的一类齿轮，渐开线齿轮机构的形式很多，其中渐开线直齿圆柱齿轮是齿轮机构中最简单、最基本、应用最广泛的一种形式。

（2）圆弧齿轮　圆弧齿轮是近几十年来发展起来的一种齿轮机构，其齿面是圆弧曲面。这种齿轮的承载能力高于渐开线齿轮，适用于高速重载的场合。

（3）摆线齿轮　摆线齿轮的齿廓曲线为外摆线，目前主要用于摆线少齿差传动。

三、齿轮传动的传动比

传动比是指主动轮转速 n_1 与从动轮转速 n_2 的比值，用符号 i_{12} 表示，即 $i_{12}=n_1/n_2$。传动比反映了主、从动轮间的转速变化，即变速的情况。传动比大于 1，从动轮转速低于主动轮转速，称为降速传动；传动比小于 1，从动轮转速高于主动轮转速，称为升速传动。

设齿轮传动中主动轮的转速为 n_1，齿数为 z_1；从动轮转速为 n_2，齿数为 z_2。根据齿轮传动的原理可知，当主动齿轮转过一个齿时，从动齿轮也相应转过一个齿，若转动 1min，

则主动齿轮转过 n_1z_1 个齿，从动齿轮转过个 n_2z_2 齿。根据上面分析，在1min内两齿轮转过的齿数应该是相等的，即有 $z_1n_1 = z_2n_2$，则 $n_1/n_2 = z_2/z_1$。根据传动比的定义，齿轮传动的传动比为

$$i_{12} = \frac{n_1}{n_2} = \frac{z_2}{z_1} \tag{3-1}$$

由式（3-1）可知，齿轮传动的转速之比与其齿数成反比。

齿轮传动的传动比不宜过大，一般一对直齿圆柱齿轮传动的传动比 $i_{12} = 5 \sim 8$；直齿锥齿轮传动的传动比 $i_{12} = 3 \sim 5$。

四、齿轮传动的条件

从传递运动和动力两个方面来考虑，齿轮传动应满足以下两个基本要求：

（1）传动要平稳　在齿轮传动过程中，应保证瞬时传动比恒定不变，以保持传动的平稳性，避免或减小传动中的冲击、振动和噪声。

齿轮传动比是恒定的，也要求两轮的每一对轮齿在其整个啮合过程的任一瞬间的传动比（称为瞬间传动比）不变。否则，主动轮转速一定，从动轮一时快一时慢，势必造成撞击、噪声，过早失效损坏。一对齿轮的传动是靠主动轮轮齿的齿廓推动从动轮轮齿的齿廓来实现的。为此，齿轮的齿廓也要能够达到瞬时传动比恒定。两齿轮传动时，其传动比的变化与两轮齿廓曲线形状有关。渐开线齿廓不仅能满足传动平稳的基本要求，而且具有易于制造和安装的优点，因此应用最广。

（2）承载能力要大　要求齿轮的结构尺寸小、体积小、质量轻，而承受载荷的能力强，即强度高、耐磨性好、寿命长。

五、渐开线齿轮的啮合传动

1. 渐开线齿轮的啮合特性

前面讨论了单个齿轮齿廓和各部尺寸的计算。下面进一步讨论一对齿轮的啮合传动。

一对标准齿轮在安装没有误差时的标准中心距 $a = \frac{m}{2}(z_1 + 2)$。所谓安装没有误差是指齿轮安装好以后，分度圆是相切的。

（1）渐开线齿轮瞬时传动比是恒定的　从渐开线的特性出发，对两齿轮啮合过程进行研究得出结论：两渐开线齿轮的瞬时传动比与其基圆的半径成反比。现在，两齿轮已经制成，其基圆也就成为定值。它们的瞬时传动比自然也已成为常数，不会改变。

（2）渐开线齿轮中心距的可分离性　由于制造和安装误差，实际啮合齿轮的中心距与标准中心距往往并不一致。当中心距有误差时，齿轮的瞬时传动比是不是会改变呢？从渐开线的特性出发，同样可以证明，这时的瞬时传动比也与基圆的半径成反比，基圆的半径不变，瞬时传动比同样不变。这个性质称为"可分离性"，是渐开线齿轮的重要优越性。

实际上齿轮、轴承在制造、安装时总有一定误差，使用过程中的磨损、变形也总是难免的，但渐开线齿轮特性是中心距有了变化而传动比不会改变。

2. 渐开线齿轮的啮合条件

齿轮进行配对啮合有没有条件呢？实践证明是有条件的。从渐开线的性质推理，可以证

明模数和压力角必须相等，这样才能互不干涉，平稳传动。故两齿轮正确啮合的条件为

$$m_1 = m_2 = m \qquad \alpha_1 = \alpha_2 = \alpha \qquad (3-2)$$

六、直齿、斜齿圆柱齿轮及其传动

1. 斜齿轮齿廓的形成及啮合

（1）直齿轮齿廓的形成与不足　直齿圆柱齿轮传动过程中，齿面总是沿平行于齿轮轴线的直线接触，如图 3-4 所示。这样齿轮的啮合就是沿整个齿宽同时接触，同时分离，要求齿轮精度很高，否则就会产生撞击和噪声，而且速度越高，载荷越重，冲击和噪声就越严重。由此人们设想能否让齿轮逐渐进入啮合，逐渐退出啮合，即斜齿圆柱齿轮传动。

（2）斜齿轮齿廓的形成及啮合　斜齿圆柱齿轮齿面接触线是由齿轮一端齿顶开始，逐渐由短而长，再由长而短，至另一端齿根为止，如图 3-5 所示。载荷的分配也是由小而大，再由大而小，同时啮合的齿数多。所以它传动平稳，承载能力强，使用寿命长，适于高速、重载情况下工作。但不能作滑移齿轮，而且轮齿传动时会产生轴向分力，对轴承与轴提出特殊要求，如须用推力轴承等。为了克服这一缺点，大型齿轮可采用人字齿将其轴向力抵消。

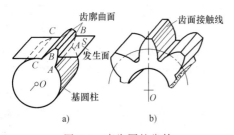

图 3-4　直齿圆柱齿轮

a）齿廓曲面的形成　b）接触线

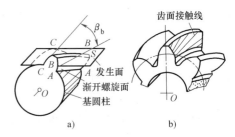

图 3-5　斜齿圆柱齿轮

a）齿廓曲面的形成　b）接触线

2. 斜齿圆柱齿轮的主要参数

斜齿圆柱齿轮的轮齿是倾斜的，但加工时与直齿圆柱齿轮使用同一套标准刀具。所以它的参数就产生了垂直于齿轮端面与垂直于轮齿法面的两套参数，而以法面参数为标准值，如图 3-6 所示。

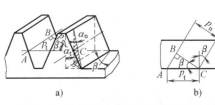

图 3-6　斜齿圆柱齿轮的模数与压力角

通常我们用 p_n、m_n、α_n 代表法面齿距、法面模数、法面压力角；用 p_t、m_t、α_t 代表端面齿距、端面模数、端面压力角；用 β 代表分度圆柱面展开图（见图 3-7）中轮齿与轴线的夹角，即螺旋角，则

$$p_n = p_t \cos\beta \qquad m_n = m_t \cos\beta$$

螺旋角 β 一般取 $7° \sim 20°$。互相啮合的斜齿圆柱齿轮除要求模数、压力角相等外，螺旋角也必须相等且方向相反。螺旋角方向与螺纹方向判别方法一样，即将齿轮竖立，螺旋线向左上方为左旋，向右上方为右旋，如图 3-8 所示。标准斜齿圆柱齿轮的压力角 $\alpha_n = 20°$，齿顶高系数 $h_{an}^* = 1$，顶隙系数 $c_n^* = 0.25$。

综上所述可知，斜齿圆柱齿轮传动有以下特点：

1）传动平稳，适用于高速场合。

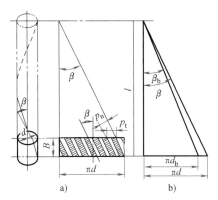

图 3-7 斜齿轮分度圆的展开图

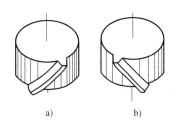

图 3-8 斜齿轮的方向
a）右旋 b）左旋

2）承载能力较大，适用于重载机械。

3）在传动时产生轴向分力 F_x，需要安装能承受轴向力的轴承，使支座结构复杂。

4）不能用于变速滑移齿轮。

因为斜齿圆柱齿轮传动承载能力大，传动平稳，故适用于高速大功率传动。

七、锥齿轮及其传动

分度曲面为圆锥面的齿轮称为锥齿轮，按齿线形状锥齿轮分为：直齿锥齿轮、斜齿锥齿轮、曲线齿锥齿轮等类型。锥齿轮用于相交轴齿轮传动和交错轴齿轮传动。齿线是分度圆圆锥面直母线的锥齿轮称为直齿锥齿轮。直齿锥齿轮用于相交轴齿轮传动，两轴的交角通常为 90°（即 $\Sigma = 90°$），如图 3-9 所示。

直齿锥齿轮的几何特点是：齿顶圆锥面（顶锥）、分度圆锥面（分锥）和齿根圆锥面（根锥）三个圆锥面相交于一点；轮齿分布在圆锥面上，齿槽在大端处宽而深，在小端处窄而浅，轮齿从大端逐渐向锥顶缩小；在其母线垂直于分锥的背锥（通常为锥齿轮轮齿的大端端面）的展开面上，齿廓曲线为渐开线。锥齿轮由大端至小端，其模数不同，在设计计算中，规定以大端模数为依据并采用标准模数。GB/T 12368—1990《锥齿轮模数》规定了锥齿轮大端端面模数的标准值。

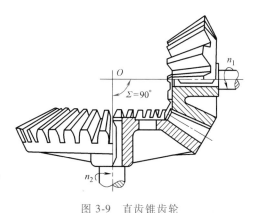

图 3-9 直齿锥齿轮

标准直齿锥齿轮副的轴交角 $\Sigma = 90°$ 时，其正确的啮合条件为：两齿轮的大端端面模数相等，即 $m_1 = m_2$；两齿轮的压力角相等，即 $\alpha_1 = \alpha_2$。

八、齿轮传动的失效形式

齿轮失效是指齿轮在使用过程中，由于发生诸如轮齿折断、齿面损坏等现象，而使齿轮过早地失去正常工作能力的情况。了解齿轮失效，能及早预防可能发生的问题并采取一定措施改进，从而更有效地使用齿轮传动完成工作任务。齿轮失效的主要现象是轮齿折断、齿面点蚀、齿面胶合、齿面磨损及齿面塑性变形等。

1. 轮齿折断

轮齿折断一般发生在齿根部位。折断有两种即弯曲疲劳折断和过载折断。弯曲疲劳折断是轮齿在载荷反复作用下，齿根产生交变弯曲应力，同时齿根还有应力集中，当弯曲应力超过弯曲疲劳极限时轮齿折断，如图 3-10 所示；过载折断是齿轮在短期过载或受到过大的冲击载荷时，脆性材料将发生折断。

为提高齿轮抗折断的能力，可采用提高材料的疲劳强度和轮齿心部的韧性、加大齿根圆角半径、提高齿面制造精度、增大模数以加大齿根厚度、进行齿面喷丸处理等方法来实现。图 3-11 所示为轮齿折断实物照片。

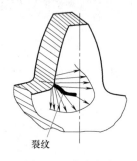

图 3-10　轮齿折断

图 3-11　轮齿折断现象

2. 齿面点蚀

齿轮传动时，两齿面为线接触，接触的表层产生交变接触应力。在交变应力的长时间作用下，表层出现裂纹。由于交变应力的继续作用和润滑油进入裂纹被挤压使裂纹扩展，从而导致齿面金属局部剥落，形成麻点，这种现象称为齿面点蚀或疲劳点蚀。齿面点蚀是润滑良好的软齿面闭式传动的主要失效形式。一般出现在齿根靠近节线的表面，如图 3-12a 所示。

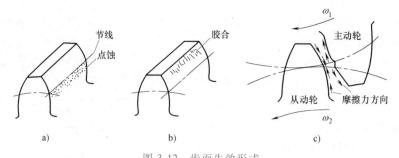

图 3-12　齿面失效形式

a）齿面点蚀　b）齿面胶合　c）齿面塑性变形

防止齿面点蚀的过早出现，可采用增大齿轮直径、提高齿面硬度、降低齿面的表面粗糙度、增加润滑油的粘度或增加接触线的长度、表面强化处理、改用疲劳极限高的材料等方法。

3. 齿面胶合

高速或低速重载的齿轮传动中，前者由于轮齿啮合区摩擦生热使局部温度升高，油膜稀释破裂；后者由于齿面间压力很大，齿面间油膜不易形成，从而使齿面金属直接接触并相互粘着，齿轮继续传动，齿面相对滑动，将较软金属的齿面沿滑动方向撕下而形成沟纹，这种现象称为"胶合"，如图 3-12b 所示。齿面胶合破坏了正常齿廓，导致传动失效。

为防止齿面胶合的产生，可采用良好的润滑方式，选用黏度大或有抗胶合添加剂的润滑油，也可采用不同的材料制造配对齿轮或一对齿轮采用同种材料不同硬度，降低齿面表面粗糙度值，形成良好的润滑条件，提高齿面硬度增加抗胶合能力等方法。

4. 齿面磨损

由于啮合齿面间的相对滑动，会引起齿面的摩擦磨损。开式齿轮传动的主要失效形式是磨损，磨损使齿廓失去渐开线形状，从而引起传动的冲击、振动，磨损使齿厚变薄，进而产生轮齿折断。为防止过快磨损，可采用保证工作环境清洁、定期更换润滑油、提高齿面硬度、加大模数以增大齿厚等方法。图 3-13 所示为轮齿磨损的实际失效情况。

5. 齿面塑性变形

在过大的应力作用下，轮齿材料因屈服而产生塑性变形，如图 3-12c 所示，致使啮合不平稳，因此噪声和振动增大，破坏了齿轮的正常啮合传动。这种失效常发生在有大的过载、频繁起动和齿面硬度较低的齿轮上。防止塑性变形的方法是提高齿面硬度或采用较高黏度的润滑油以及遵守操作规程等。图 3-14 所示为主动轮齿面下凹的实际失效情况，图 3-15 所示为从动轮齿面凸起的实际失效情况。

图 3-13　齿面磨损　　　　图 3-14　主动轮齿面下凹　　　图 3-15　从动轮齿面凸起

九、轮系

由一对齿轮所组成的齿轮机构是齿轮传动中最简单的形式。但是在机械中，仅由一对齿轮传动往往不能满足工作要求，如大传动比传动、多传动比传动，以及换向等。为此，许多情况下常采用一系列齿轮所组成的齿轮机构进行传动。这种由一系列齿轮组成的传动机构称为齿轮系，简称轮系。

1. 轮系的功用

在各种机械中，轮系的应用是十分广泛的，其功用大致可归纳为以下几个方面：

（1）实现两轮间较远距离的传动　当主动轴与从动轴之间距离较远时，如果仅用一对齿轮来传动，齿轮的尺寸就很大，既占空间，又费材料，制造安装也都不方便。若改用轮系来传动，显然可以使齿轮尺寸缩小，制造、安装也比较方便。

（2）实现分路传动　当主动轴转速一定时，利用轮系可以将主动轴的一种转速同时传到若干根从动轴上，获得所需的各种转速，如钟表传动。

（3）实现变速传动　当主动轴的转速不变时，利用轮系可使从动轴获得多种工作转速。汽车、机床、起重设备等都需要这种变速传动。

（4）获得大传动比　利用行星轮系可以由很少几个齿轮获得较大的传动比，而且结构很紧凑，但机械效率很低，只适用于精密微调机构。

（5）实现运动的合成与分解　轮系能够将两个输入运动合成为一个输出运动。轮系还能将一个输入运动分解为两个输出运动，如汽车后桥上的差速器。

2. 轮系的分类

按轮系传动时各齿轮的几何轴线在空间的相对位置是否都固定，轮系可分为定轴轮系和周转轮系两大类。

传动时，轮系中各齿轮的几何轴线位置都是固定的轮系称为定轴轮系，如图 3-16 所示。传动时，轮系中至少有一个齿轮的几何轴线位置不固定，而是绕另一个齿轮的固定轴线回转，这种轮系称为周转轮系，如图 3-17 所示。

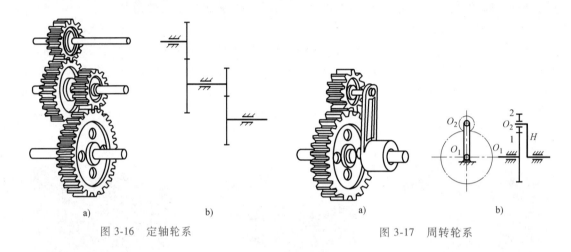

图 3-16　定轴轮系　　　　　　　　　图 3-17　周转轮系

3. 轮系的传动比

图 3-18 所示为定轴轮系，齿轮 1 为主动轮，齿轮 5 为输出轮，设各轮的齿数分别为 z_1、z_2、$z_{2'}$、z_3、$z_{3'}$、z_4、z_5，各轮的转速分别为 n_1、n_2、$n_{2'}$（$n_{2'}=n_2$）、n_3、$n_{3'}$（$n_{3'}=n_3$）、n_4、n_5，则轮系中各对啮合齿轮的传动比为

$$i_{12}=\frac{n_1}{n_2}=-\frac{z_2}{z_1}$$

$$i_{2'3}=\frac{n_{2'}}{n_3}=\frac{n_2}{n_3}=\frac{z_3}{z_{2'}}$$

$$i_{3'4}=\frac{n_{3'}}{n_4}=\frac{n_3}{n_4}=\frac{z_4}{z_{3'}}$$

$$i_{45}=\frac{n_4}{n_5}=-\frac{z_5}{z_4}$$

将以上四式连乘得

$$i_{12}i_{2'3}i_{3'4}i_{45}=\frac{n_1 n_2 n_3 n_4}{n_2 n_3 n_4 n_5}=\frac{z_2 z_3 z_4 z_5}{z_1 z_{2'} z_{3'} z_4}$$

图 3-18　定轴轮系

于是
$$i_{15}=\frac{n_1}{n_5}=i_{12}i_{2'3}i_{3'4}i_{45}=(-1)^3\frac{z_2z_3z_4z_5}{z_1z_{2'}z_{3'}z_4}=(-1)^3\frac{z_2z_3z_5}{z_1z_{2'}z_{3'}}$$

上式表明，定轴轮系的传动比等于轮系中各对啮合齿轮传动比的连乘积，其值等于所有从动轮齿数连乘积与所有主动轮齿数连乘积之比，其正负号取决于外啮合齿轮的对数，奇数对外啮合取负号，偶数对外啮合取正号。

轮系中齿轮 4 分别与齿轮 3′ 和 5 相啮合，它既是从动轮又是主动轮，故它的齿数在分子分母中被约掉，因而不影响传动比的数值，但会改变传动比的正负号。这种齿轮称为惰轮（介轮）。应用惰轮不仅可以改变从动轴的转向，还可以起到增大两轴间距的作用。

以上分析可以推广到一般情形。设定轴轮系首轮转速为 n_1，末轮转速为 n_k，则轮系的传动比可由下式表示

$$i_{1k}=\frac{n_1}{n_k}=(-1)^m\frac{\text{所有从动轮齿数的乘积}}{\text{所有主动轮齿数的乘积}}$$

式中，m 为轮系中外啮合齿轮对数；$(-1)^m$ 在计算中表示轮系首末两轮（即主、从动轴）回转方向的异同，计算结果为正，两轮回转方向相同；结果为负，两转回转方向相反。但此判断方法，只适用于平行轴圆柱齿轮传动的轮系。

齿轮的回转方向，在轮系传动系统图中可以用箭头表示，标注同向箭头的齿轮回转方向相同，标注反向箭头的齿轮回转方向相反，规定箭头指向为齿轮可视的圆周速度方向。外啮合圆柱齿轮的转动方向相反，内啮合圆柱齿轮的转动方向相同，锥齿轮的转动方向指向或背离啮合点，蜗杆传动的转动方向用右手或左手定则判定。在同一轴上的所有固定齿轮，为联轴齿轮，其转动方向相同，各轮转动方向可用箭头法表示。若各轮轴线平行，则外啮合次数 m 为偶数时，首末两轮转向相同，外啮合次数 m 为奇数时，首末两轮转向相反，即可用 $(-1)^m$ 的规律确定转向。当轮系中首末两轮轴线不平行时，轮系传动比的正负号已无意义，故在计算中不再加正负号，在图中用箭头标出其回转方向。

【活动实施】

一、工作准备

测量及拆装用工具：呆扳手 1 套、活扳手 1 把、锤子 1 把、铜棒 1 根、游标卡尺 1 把、钢尺 1 把、钳子 1 把、记录用笔和纸、《机械零件设计手册》。

二、实施步骤

1. 检查

1）检查所使用的工具是否完好无损。

2）拆卸前先观察减速器外貌、输入轴和输出轴的位置、减速器各种附件的位置。正反转动高速轴，手感齿啮合侧隙，轴向移动高速和低速轴，手感轴承的轴向游隙。

2. 拆卸圆柱齿轮减速器（见图 3-19）

1）拔出减速器箱体两端的定位销。

图 3-19　圆柱齿轮减速器

2）拧下轴承端盖上的螺钉，取下轴承端盖及调整垫片。

3）拧下上、下箱体连接螺栓及轴承旁的连接螺栓。

4）利用启盖螺钉顶开箱体上盖。

5）把上箱体取下（注意轴承部件脱落）。

6）将齿轮轴（带轴承）与箱体分离。从输入轴开始拆，依次取出中间轴与输出轴轴系部件。注意拆下的零、部件不要乱放，尤其是轴上零件，拆下后要摆放整齐。

3. 测量各对大、小齿轮的相关尺寸并确定主要参数

1）分别测量输入轴、中间轴、输出轴间的中心距，数出各个齿轮的齿数并计算出各级的传动比与总传动比。

2）分别测量出各齿轮的齿顶圆直径和全齿高，计算齿轮的模数，再做结果分析。

3）计算各级齿轮传动的中心距，并与测量结果进行对比。

4）计算各齿轮的分度圆直径。测量圆柱齿轮减速器齿轮传动的主要参数，并填写表3-2。

表 3-2　圆柱齿轮减速器齿轮传动的主要参数

齿轮 数值	高速齿轮	低速齿轮	中速齿轮(大/小)
齿数			
齿宽			
齿高			
齿顶圆直径			
轴径			
减速器传动比			

4. 安装齿轮轴系零部件及减速器

装配时，按先内部后外部的顺序进行，装配顺序与拆装顺序刚好相反；装配轴套和滚动轴承时，应注意方向。注意装配箱盖与箱体之间的连接螺栓前，应先安装好定位销。

5. 调试

正、反方向转动高速轴，手感齿啮合侧隙是否与拆卸前相同；轴向移动高速轴和低速轴，手感轴承的轴向游隙是否与拆卸前一致。如感觉误差较大，说明安装有误，需要拆开检查并重新装配，直至符合正常传动要求为止。

6. 整理场地

清理现场工具及材料。

任务三　组装箱体

【任务描述】

本任务主要是通过完成双级圆柱齿轮减速器箱体的组装，了解常用密封元件的类型及应用。理解带传动的工作原理，掌握常用带传动的类型、特点和工程应用，以及带传动基本维护常识，了解链传动的类型、特点及应用。

【任务分析】

减速器箱体的组装涉及密封与带传动等相关的内容，通过完成双级圆柱齿轮减速器箱体的组装任务，学习密封的作用、常用的密封方法与应用；了解带传动的工作原理及工程中常用的带传动的类型、特点及应用，能够对 V 带进行合理地张紧与更换。

【相关知识】

一、带传动的组成和工作原理

双级圆柱齿轮减速器的动力是由电动机通过带传动传送至输入轴的。带传动属于挠性传动，所谓挠性传动是指借助于挠性元件（带、绳、链条等）来传递运动和动力的装置。

图 3-20 所示为挠性传动的工作原理。当主动轮旋转时，通过挠性元件间接地将运动和力传递给从动轮。

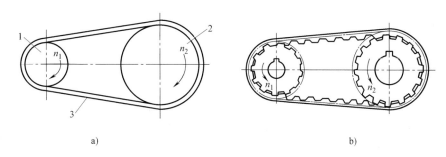

a)　　　　　　　　　　　　　　　b)

图 3-20　挠性传动的工作原理

a）摩擦带传动　b）啮合带传动

1—主动轮　2—从动轮　3—挠性元件

这类传动具有吸收振动载荷，以及阻尼振动影响的作用，所以传动平稳，而且结构简单，易于制造。常用于中心距较大情况下的传动。在情况相同的条件下，与其他传动相比，简化了机构，降低了成本。

带传动是应用广泛的一种机械传动。它由主动带轮 1、从动带轮 2 和传动带 3 组成，如图 3-21 所示。工作时，挠性件（传动带）闭合成环形，张紧在主动带轮（d_1）和从动带轮（d_2）上，使带与两带轮间的接触面产生压力（或使同步带与两同步带轮上的齿相啮合），当主动带轮 1 转动时，依靠传动带与带轮间产生的摩擦力（或齿的啮合）来带动从动带轮 2 转动，以实现主、从动轴间的运动和动力的传递。

二、带传动的特点

1）带传动结构简单，制造容易，成本低；适用于两轴中心距较大的传动，并可实现无级变速。

2）带传动较柔和，可以起到吸振和缓冲的作

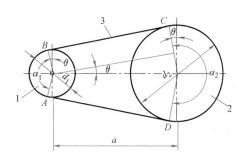

图 3-21　带传动简图

1—主动带轮　2—从动带轮　3—传动带

用，传动平稳。

3）带传动过载时能打滑，防止零件损坏，能起到过载保护的作用。

4）带传动效率低，传递运动不准确，外廓尺寸较大。

三、带传动的种类和应用

带传动分为啮合带传动和摩擦带传动两大类。

1. 啮合带传动

图 3-20b 所示为啮合带传动，它利用带的齿与带轮的齿相啮合传递运动和动力。由于是啮合传动，带与带轮间没有相对滑动，又称为同步带传动。

2. 摩擦带传动

摩擦带传动中，根据带断面形状的不同主要分为矩形截面的平带传动、梯形截面的 V 带传动、圆带传动和多楔带传动等，如图 3-22 所示。

平带主要用于高速、远距离传动，有普通平带（胶帆布带）、皮革平带、缝合棉布带、棉织带和毛织带等多种形式。在高速传动中也使用麻织带和丝织带，其中以普通平带应用最广。平带的尺寸规格可查阅《机械设计手册》。

圆带传动的特点是便于快速装卸、传递功率很小，常用于缝纫机、真空吸尘器、磁带盘的机械传动和一些仪器上。

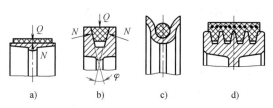

图 3-22 带传动的类型

a）平带传动 b）V 带传动

c）圆带传动 d）多楔带传动

多楔带传动是平带和 V 带的组合结构，其楔形部分嵌入带轮上的楔形槽内，靠楔面摩擦工作。它兼有平带和 V 带的特点，柔性好、摩擦力大、能传递较大的功率，并解决了多根 V 带长短不一而使各根带受力不均的问题，传动比可达 10，带速可达 40m/s。

V 带分普通 V 带、窄 V 带、宽 V 带、汽车 V 带、齿形 V 带和接头 V 带等，其中普通 V 带传动应用最广。V 带与平带传动比较，带对轮缘表面的压紧力相同时，V 带传动的摩擦力约为平带传动的三倍，故能传递较大的载荷，因而被广泛用于较近距离传动。

四、V 带的结构和标准

普通 V 带俗称"三角带"，其构造如图 3-23 所示。V 带已标准化，我国国家标准 GB/T 11544—2012 规定，普通 V 带按截面尺寸由小到大分为 Y、Z、A、B、C、D、E 七种型号，有帘布、线绳两种结构，如图 3-23 所示。线绳结构 V 带只有 Z、A、B、C 四种型号。其截面尺寸见表 3-3。每根带做成无接头环状，每种型号规定了一系列标准长度 L_d，见表 3-4。

V 带的标记是用型号加标准长度表示，如"A560"就是指 A 型 V 带，标准长度为 560mm。

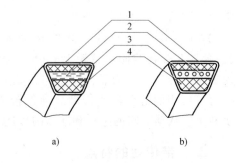

图 3-23 普通 V 带的结构

a）帘布结构 b）线绳结构

1—包布层 2—强力层

3—伸张层 4—压缩层

表 3-3　V 带剖面基本尺寸

型号	Y	Z	A	B	C	D	E
顶宽 b/mm	6.0	10.0	13.0	17.0	22.0	32.0	38.0
节宽 b_p/mm	5.3	8.5	11.0	14.0	19.0	27.0	32.0
高度 h/mm	4.0	6.0	8.0	11.0	14.0	19.0	23.0
每米长质量 m/(kg/m)	0.04	0.06	0.10	0.17	0.30	0.60	0.87

表 3-4　V 带基准长度 L_d

L_d/mm	Y	Z	A	B	C	D	E	L_d/mm	Y	Z	A	B	C	D	E	L_d/mm	Y	Z	A	B	C	D	E
200	+							900		+	+	+				4000				+	+	+	
224	+							1000		+	+	+				4500				+	+	+	+
250	+							1120		+	+	+				5000				+	+	+	+
280	+							1250		+	+	+				5600					+	+	+
315	+							1400		+	+	+				6300					+	+	+
355	+							1600		+	+	+	+			7100					+	+	+
400	+	+						1800			+	+	+			8000					+	+	+
450	+	+						2000			+	+	+			10000					+	+	+
500	+	+						2240			+	+	+			11200						+	+
560		+						2500			+	+	+			12500						+	+
630		+	+					2800			+	+	+	+		14000						+	+
710		+	+					3150				+	+	+		16000							+
800		+	+					3550				+	+	+									

五、带传动的工作过程

1. 受力情况

如图 3-24 所示，当带传动工作时，由于传动带具有弹性，并受传动带与带轮之间摩擦力的影响，使其绕入主动轮的一边（下边）拉紧，拉力由静止时的初拉力 F_0 增加到 F_1，称

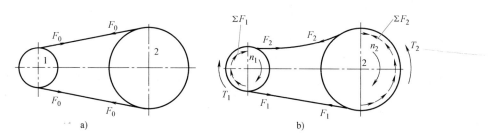

图 3-24　带传动的受力分析

a）初拉力　b）紧边和松边拉力

为紧边或主动边。传动带离开主动轮的一边（上边）则比较松弛，拉力也由静止时的 F_0 减小到 F_2，称为松边或从动边。紧边与松边的拉力差（F_1-F_2）就是带传动克服工作阻力的圆周力 F。

2. 带传动的滑动现象

如上所述，带在紧边和松边所受的拉力不相等，所产生的变形也不同。如图 3-25 所示，在带绕过主动轮的过程中，拉力由 F_1 降至 F_2，带的弹性伸长量逐渐减小，带沿带轮表面逐渐向后收缩而产生微小的相对滑动，带速逐渐落后于主动轮的速度。同理，带绕过从动轮时，拉力由 F_2 逐渐增至 F_1，带伸长逐渐增加并沿从动轮表面向前有微小的相对滑动，这时从动轮的圆周速度又小于带速。这种由于带的弹性变形的变化所引起的微小、局部滑动现象称为弹性滑动。

这种滑动在带传动中是不可避免的，它不仅会增加带的磨损，而且使带传动不能保证准确的传动比。

带传动是由传动带与带轮之间的摩擦力驱动的，它的承载能力也是以摩擦力的最大值为依据的。传动带与带轮之间之所以会打滑，是因为带传动的工作阻力大于它的承载能力。当工作阻力小于摩擦力的最大值 F'_j 时，工作阻力越大，圆周力 F 就

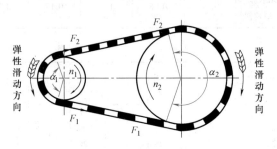

图 3-25　带传动的弹性滑动

越大。当工作阻力超过摩擦力最大值时，主动轮带不动从动轮与传动带，只能空转，称为打滑。打滑以后不但带传动失效，而且传动带迅速磨损。摩擦力最大值决定于带的初拉力、带的材料，以及包角等因素。

弹性滑动和打滑是两个截然不同的概念。打滑是指过载或带松弛引起的全面滑动，是可以避免的，而弹性滑动是由拉力差引起的局部滑动，只要传递有效力，弹性滑动就不可避免。

3. 传动带疲劳断裂的分析

传动带疲劳断裂是因为带传动时传动带必须绕两个带轮弯曲，而产生弯曲应力。带轮直径越小，弯曲应力越大。同时弯曲部分的带在经过带轮之后又必须伸直，弯曲应力也就自然消失。由于带传动过程是以相当高速度不断运转的，带的弯曲应力也就不断产生与消失。如此不断反复，带就会疲劳断裂。所以带的寿命，主要是由弯曲应力与弯曲次数决定的。

六、V 带传动的主要参数和几何尺寸的计算

1. 传动比

由图 3-25 可知，在带传动中，假设传动带与带轮间没有相对滑动，则两带轮圆周线速度与传动带的速度应相等（假设带不变形伸长），即 $v_1 = v_带 = v_2$，所以有 $v_1 = v_2$。因为 $v_1 = \dfrac{d_1 n_1}{1000}$；$v_2 = \dfrac{d_2 n_2}{1000}$，所以

$$\frac{d_1 n_1}{1000} = \frac{d_2 n_2}{1000}，亦即 \frac{n_1}{n_2} = \frac{d_2}{d_1}$$

故带传动的传动比为

$$i_{12} = \frac{n_1}{n_2} = \frac{d_2}{d_1} \tag{3-3}$$

式中 n_1——主动轮的转速，单位为 r/min；

n_2——从动轮的转速，单位为 r/min；

d_1——主动轮的直径，单位为 mm；

d_2——从动轮的直径，单位为 mm。

由式（3-3）可知，带传动两带轮的转速之比与其直径成反比。注意：式（3-3）中带轮的直径为基准直径。

【例 3-1】 在图 3-25 所示的带传动中，$d_1 = 25\text{mm}$，$d_2 = 75\text{mm}$，$n_1 = 1400\text{r/min}$；两轮间的中心距 $a = 100\text{mm}$。求无相对滑动时的转速 n_2 及传动带的速度。

解 已知 $d_1 = 25\text{mm}$，$d_2 = 75\text{mm}$，$n_1 = 1400\text{r/min}$，求在无滑动时，n_2 和 $v_带$ 的大小。

因 $i_{12} = \frac{n_1}{n_2} = \frac{d_2}{d_1}$，所以 $n_2 = n_1\frac{d_1}{d_2} = 1400\text{r/min} \times \frac{25\text{mm}}{75\text{mm}} \approx 466.7\text{r/min}$

又因 $v_1 = v_带 = v_2$，所以 $v_带 = v_1 = \frac{\pi d_1 n_1}{1000} = \frac{3.14 \times 25 \times 1400}{1000}\text{m/s} \approx 1.83\text{m/s}$

答：该带传动从动轮的转速为 466.7r/min，传动带的移动速度为 1.83m/s。

2. 小带轮包角与直径

带轮的包角 α，就是带与带轮接触面的弧长所对应的中心角。包角越大，传动带对带轮包围弧越长，摩擦力也就越大，因而对带传动的承载有利。一般规定小带轮包角 $\alpha_1 \geq 120°$，包角计算式为

$$\alpha_1 = 180° - \frac{d_2 - d_1}{a} \times 57.3° \tag{3-4}$$

式中 a——两带轮的中心距。

由于传动带包围带轮发生弯曲应力，带轮越小，弯曲应力越大，对带的寿命影响也就越大，所以要对小带轮直径也加以限制。具体数值见表 3-5。

表 3-5 最小基准直径 $d_{\min}$

型号	Y	Z	A	B	C	D	E
$d_{\min}/\text{mm}$	20	50	75	125	200	355	500

3. 中心距（a）、带长度（L）与速度（v）

根据式（3-4）可知，两带轮中心距 a 越大，小带轮包角 α_1 也越大，对带传动承载越有利。同时中心距越大，带越长，带在传动过程弯曲次数相对减少，也有利于提高带的使用寿命。但是两带轮的中心距往往受到空间位置的限制，而且中心距过大，容易引起带抖动，会使承载能力下降。为此，中心距 a 一般取 $0.7 \sim 2$ 倍的（$d_1 + d_2$）。中心距确定之后带长度 L 可按下式计算，然后按表 3-4 选定。

$$L_d = 2a + \frac{\pi}{2}(d_2 - d_1) + \frac{(d_2 - d_1)^2}{4a} \tag{3-5}$$

带的速度（v）对带的承载能力也有一定影响。带围绕带轮做圆周运动时产生一定的离

心力，使带对带轮的正压力减小，因而也减小了承载能力。但速度过小时，带传动的功率也会减小。通常要求带速范围控制在 5~25m/s。

【任务实施】

一、工作准备

工具：活扳手1把，呆扳手1套、套筒扳手1套、十字螺钉旋具1把、一字螺钉旋具1把、锤子1把、毛刷1把、钢直尺1把、游标卡尺1把。

二、实施步骤

1. 检查

检查所使用工具完好无损。观察减速器的外部结构特征，检查减速器箱体零部件及箱体外零部件。

2. 组装减速器箱体的密封装置

（1）认识减速器的密封　密封的目的是防止机器内部的液体或者气体从两零件的结合面间泄漏出去；防止外部的杂质、灰尘等侵入，保持机械零件正常工作的必要环境。密封件是减速器中应用最广的零部件之一，为防止减速器内的润滑剂泄出，防止灰尘、微粒及其他杂物和水分侵入，减速器中的轴承等其他传动部件、减速器箱体等都必须进行必要的密封，以保持良好的润滑条件和工作环境，使减速器达到预期的寿命。

密封分为静密封和动密封。常用的静密封方法有结合面加工平整、加垫或密封胶等。动密封分为移动密封和转动密封。常用的转动密封方法有接触型（毡圈密封、唇形密封圈密封等）和非接触型（间隙密封、曲路密封等）两类。

毡圈密封如图3-26所示，其结构简单，易于更换，但摩擦较大，适用于环境清洁、轴的圆周速度小于5m/s、工作温度不超过900℃、不太重要轴的脂润滑。

唇形密封圈密封如图3-27所示，其密封效果良好，易于装拆，适用于油润滑或脂润滑，轴的圆周速度小于7m/s、工作温度在-40~100℃的场合。

间隙密封如图3-28所示，其适用于脂润滑，工作环境清洁、干燥的场合。

曲路密封如图3-29所示，其适用于油润滑或脂润滑，工作环境要求不高、转速高的场合。

密封件的选择与使用具体可参见《机械设计手册》。

减速器需要密封的部位一般有轴伸出处、轴承室内侧、箱体接合面和轴承盖、检查孔和排油孔接合面等处。

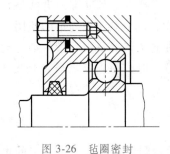

图 3-26　毡圈密封

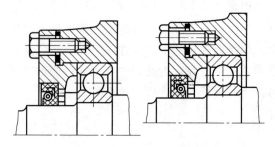

图 3-27　唇形密封圈密封

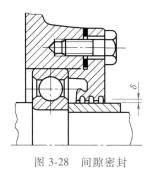

| 图 3-28　间隙密封 | 图 3-29　曲路密封 |

箱盖与箱座的密封常采用在箱盖与箱座的接合面上涂密封胶或水玻璃的方法实现。为了提高接合面的密封性，可在箱座接合面上开油沟，使渗入接合面之间的润滑油重新流回箱体内部。图 3-1 所示双级圆柱齿轮减速器沿箱体的分箱面凸缘制出回油沟。减速箱体装配时，在拧紧箱体螺栓前，应使用塞尺检查箱盖和箱座结合面之间的密封性，为了保证箱体座孔与轴承的配合，接合面上严禁加垫片密封，但可以涂密封胶或水玻璃以保证密封。

轴伸出的轴承端盖孔内装有密封元件，图中采用的细毛毡密封圈（件 14、28），对防止箱内润滑油泄漏以及防止外界灰尘、异物侵入箱体，具有良好的密封效果。窥视孔盖板平时用螺钉固定在箱盖上，盖板下垫有石棉密封垫片（件 37），放油螺塞和箱体结合面之间也加有石棉密封垫片（件 45），以防漏油。

（2）组装减速器的密封元件

1）检查密封元件的型号、规格正确，检查密封元件外观整洁，无扭曲变形。

2）将细毛毡密封圈（件 14、28）均匀压入箱体密封槽内。

3）依次装入各轴系零部件。

4）装配箱盖。在拧紧箱体螺栓前，应使用 0.05mm 的塞尺检查箱盖和箱座结合面之间的密封性。

5）安装窥视孔盖密封垫片（件 37）及盖板。

6）安装放油螺塞密封垫片（件 45）及放油螺塞。

7）检验减速器剖分面、各接触面及密封处，均不许漏油。剖分面允许涂以密封油漆或水玻璃，不允许使用任何填料。

3. 组装减速器带传动装置

（1）组装带轮　带轮一般选用铸铁制造，带速较高以及特别重要的场合可用钢制带轮。为了减轻重量，也可用铝合金及工程塑料。带轮的结构通常由轮缘、轮辐和轮毂三部分组成，如图 3-30 所示。轮缘是带轮安装传动带的外缘环部分。V 带轮轮缘制有与带的根数、型号相对应的轮槽，轮缘尺寸见表 3-6。带轮的结构形式有：实心式（见图 3-31a）、辐板式（见图 3-31b、c）和椭圆轮辐式（见图 3-31d、e）。

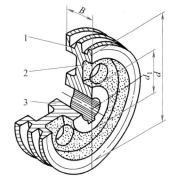

图 3-30　V 带轮结构

1—轮缘　2—轮辐　3—轮毂

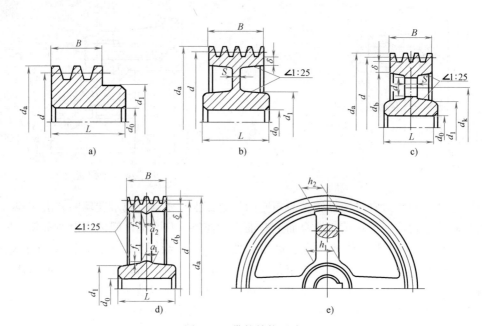

图 3-31 带轮结构型式

a) 实心式 b)、c) 辐板式 d)、e) 椭圆轮辐式

表 3-6 V 带轮轮缘尺寸 （单位：mm）

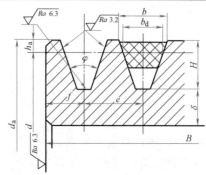

槽型			Y	Z	A	B	C	D	E
基准宽度 b_d			5.3	8.5	11.0	14.0	19.0	27.0	32.0
顶宽 b			6.3	10.1	13.2	17.2	23	32.7	38.7
基准线上槽深 h_{amin}			1.6	2.0	2.75	3.5	4.8	8.1	9.6
槽间距 e			8±0.3	12±0.3	15±0.3	19±0.4	25.5±0.5	37±0.6	44.5±0.7
槽中心至轮端面间距 f			7±1	8±1	10^{+2}_{-1}	12.5^{+2}_{-1}	17^{+2}_{-1}	23^{+3}_{-1}	29^{+4}_{-1}
槽深 H_{min}			6.3	9	11.45	14.3	19.1	28	33
槽底至轮缘厚度 δ_{min}			5	5.5	6	7.5	10	12	15
轮缘宽度 B			$B=(Z-1)e+2f$ Z—轮槽数						
轮外缘直径 d_a			$d_a=d+2h_a$						
轮槽角 φ	32°	对应基准直径 d	≤60	—	—	—	—	—	—
	34°		—	≤80	≤118	≤190	≤315	—	—
	36°		>60	—	—	—	—	<475	≤600
	38°		—	>80	>118	>190	>315	>475	>600

注：轮槽角 φ<V 带楔角 θ 是为了保证 V 带绕在带轮上后能与轮槽侧面全面贴合。

1）安装带轮及键。装配带轮时，先用细铁砂布把带轮、转轴的轴孔磨光滑，将带轮对准键槽套在轴上，用铜棒或硬木块垫在键的一端，轻轻将键敲入槽内。键在槽内要松紧适度，太紧或太松都会伤键和伤槽，太松还会使带打滑或振动。

2）安装轴端挡圈。装上轴端挡圈，用十字螺钉旋具（或内六角扳手）固定螺钉。

3）调试。用手转动带轮，检查其转动是否正常。

（2）安装和维护传动带 查验带传动的安装方式，如果两轴中心距是可调整的结构，应先将中心距缩短，V 带装好后再按要求调整好中心距；如果两轴中心距是不可调整的，则可将一根 V 带先套入轮槽中去，然后用手转动另一个带轮，将 V 带装上，用同样的方法将一组 V 带都装好。

带传动是摩擦传动，适当的张紧力是保证带传动正常工作的重要因素。张紧力不足，传动带将在带轮上打滑，使传动带急剧磨损；张紧力过大则会使传动带寿命降低，使轴和轴承上的作用力增大。一般规定用一定的载荷加在两带轮中点的传动带上，使它产生一定的挠度来确定张紧力是否合适。通常在两带轮相距不大时，以用拇指能压下 15mm 左右为宜，如图 3-32 所示。

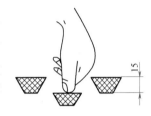

图 3-32 带张紧度判定

注意：安装时禁止用工具硬撬、硬拽上传动带，以防传动带伸长或产生过松过紧现象。

传动带因长期受拉力作用，将会产生塑性变形而伸长，从而造成张紧力减小，传递能力降低，致使传动带在带轮上打滑。为了保持传动带的传递能力和张紧程度，常用张紧轮和调节两带轮间的中心距进行的方法调整。

图 3-33 所示为利用张紧轮调整张紧力的示意图。张紧轮对平带传动应安装在传动带的松边外侧并靠近小带轮处，如图 3-33a 所示。对 V 带传动，为了防止 V 带受交变应力作用而应把张紧轮放在松边内侧，并靠近大带轮处，如图 3-33b 所示。

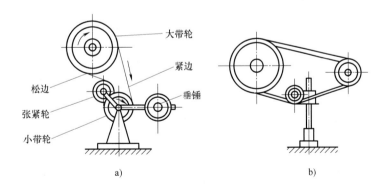

图 3-33 采用张紧轮张紧

图 3-34 所示利用调整中心距的方法来调整张紧力的示意图。其中，图 3-34a 是用于水平（或接近水平）传动时的调整装置，利用调整螺钉来调整中心距的大小，以改变传动带的张紧程度；图 3-34b 是用于垂直（或接近垂直）传动时的调整装置，利用电动机自重和调整螺钉来调整中心距的大小，以改变传动带的张紧程度。

为了延长带的使用寿命，保证传动的正常运转，必须正确地使用和维护保养。

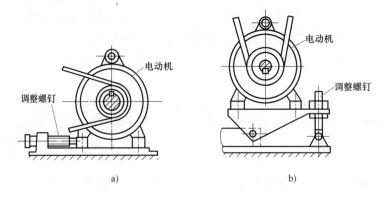

图 3-34　调整中心距张紧

1）选用 V 带时要注意型号和长度，型号应和带轮轮槽尺寸相符合，否则 V 带在带轮槽内会出现不正常的情况。换用 V 带时，最好带上旧带到农机部门购买，以防将型号搞错。新旧不同的 V 带不同时使用。

2）安装前，如果两轴中心距是可调整的结构，应先将中心距缩短，V 带装好后再按要求调整好中心距。如果两轴中心距不可调整，则可将一根 V 带先套入轮槽中去，然后转动另一个带轮，将 V 带装上，用同样的方法将一组 V 带都装上。安装时，两轴线应平行，两轮相对应轮槽的中心线应重合，以防带侧面磨损加剧。

3）安装 V 带时应按规定的初拉力张紧，也可凭经验张紧。对于中等中心距的带传动，带的张紧程度以大拇指可将带按下 15mm 为宜。

4）多根 V 带传动应采用配组带。使用中应定期检查，如发现有的 V 带出现疲劳撕裂现象，应及时更换全部 V 带。

5）为确保安全，带传动应设防护罩。

6）胶带工作温度不应超过 60℃。

7）装拆时不能硬撬，以防 V 带伸长或产生过松过紧现象。应先缩短中心距，然后再装拆 V 带，装好后再调到合适的张紧程度。

8）严防沾污。使用中要严防 V 带沾上油污和泥水，避免与酸、碱等腐蚀性物质接触，以防打滑和腐蚀 V 带。

（3）整理现场　清理现场工具及材料。

 【项目评价标准】（表 3-7）

表 3-7　项目评价标准

评价内容		评价要点	评价标准
知识	装配图	装配图的内容、表达方法及识读方法	1. 正确说明装配图的内容及作用 2. 正确指出装配图中的表达方法 3. 正确说明识读装配图的方法与步骤
	齿轮减速器	减速器的结构	1. 正确指出双级圆柱齿轮减速器的基本结构 2. 正确说明齿轮减速器各组成零部件的名称及功用

（续）

评价内容		评价要点	评价标准
知识	齿轮传动	齿轮传动的类型、特点	1. 正确识别工程中常用齿轮传动的类型 2. 正确说明齿轮传动的特点 3. 正确说明齿轮传动的主要参数
		齿轮传动的应用	1. 正确计算齿轮传动的传动比 2. 能够说明齿轮传动常见的失效形式及其防护措施
	轮系	定轴轮系	1. 能够识别轮系的类型与组成 2. 正确计算定轴轮系的传动比
	密封	密封元件的类型及应用	1. 正确识别常用密封元件 2. 正确选用与安装密封元件
	带传动	带传动的结构组成、类型、主要参数及基本维护	1. 正确识别带传动的类型 2. 正确说明带传动的基本参数与含义 3. 正确安装与维护带传动
	链传动	链传动的结构、类型与应用	1. 正确指出链传动各部分的结构与作用 2. 正确指出机器中所用链传动的类型 3. 正确维护滚子链传动
能力	减速器的拆装	1. 工具的使用 2. 减速器的拆装方法 3. 装配图的识读方法	1. 扳手、螺钉旋具、锤子、铜棒等工具的正确使用 2. 减速器的拆装方法与注意事项 3. 能够识读减速器装配图 4. 有一定的空间想象能力
	齿轮传动的拆装	1. 工具的使用 2. 齿轮传动零部件的拆装方法	1. 扳手、顶拔器、锤子、铜棒等工具的正确使用 2. 齿轮传动零部件的拆装方法与注意事项 3. 会计算齿轮传动及定轴轮系的传动比
	密封元件的拆装	1. 工具的使用 2. 密封元件的拆装方法	1. 密封元件拆装工具的正确使用 2. 密封元件拆装方法与注意事项
	带传动的拆装	1. 工具的使用 2. V 带的拆装方法	1. 扳手、螺钉旋具、锤子等工具的正确使用 2. V 带的拆装方法与注意事项
素质		1. 安全意识 2. "5S" 意识 3. 团队合作意识 4. 工程意识	1. 服装、鞋帽等符合工作现场要求 2. 按安全要求规范使用工具 3. 工作现场进行整理并达到 "5S" 要求 4. 遇到问题发挥团队合作作用 5. 认真负责的态度、一丝不苟的工作作风 6. 良好的职业素养

【知识拓展】

链传动简介

链传动是由链条和具有特殊齿形的链轮组成的传递运动和（或）动力的传动。它是由主动轮 1、从动轮 2 和绕在链轮上的链条 3 组成，如图 3-35 所示。链传动是以链条为中间挠性件的啮合传动。

与带传动相比，链传动具有下列特点：

1）能保证准确的平均传动比。

2）传递功率大，且张紧力小，故对轴和轴承的压力小。

3）传动效率高，一般可达 0.95~0.98。

4）能在低速、重载和高温条件下，以及尘土飞扬、淋水、淋油等不良环境中工作。

5）能用一根链条同时带动几根彼此平行的轴转动。

6）由于链节的多边形运动，所以瞬时传动比是变化的，瞬时链速度不是常数，传动中会产生动载荷和冲击，因此不宜用于要求精密传动的机械上。

7）安装和维护要求较高。

8）链条的铰链磨损后，使链条节距变大，传动中链条容易脱落。

9）无过载保护作用。

链传动用于两轴平行、中心距较远、传递功率较大且平均传动比要求准确、不宜采用带传动或齿轮传动的场合。在轻工机械、农业机械、石油化工机械、运输起重机械及机床、汽车、摩托车和自行车等的机械传动中得到广泛应用。

一般链传动的传动比 $i \leqslant 6$，低速传动时 i 可达 10；两轴中心距 $d \leqslant 6\mathrm{m}$ 时，最大中心距可达 15m；传动功率 $P < 100\mathrm{kW}$；链条速度 $v \leqslant 15\mathrm{m/s}$，高速时可达 20~40m/s。

传动链的种类繁多，最常用的是滚子链和齿形链。

1. 滚子链（套筒滚子链）

图 3-36 所示为滚子链，由内链板 1、外链板 2、销轴 3、套筒 4 和滚子 5 组成。销轴与外链板、套筒与内链板分别采用过盈配合连接组成外链节、内链节，销轴与套筒之间采用间隙配合构成外、内链节的铰链副（转动副），当链条屈伸时，内、外链节之间就能相对转动。滚子装在套筒上，可以自由转动，当链条与链轮啮合时，滚子与链轮轮齿相对滚动，两者之间主要是滚动摩擦，从而减小了链条和链轮轮齿的磨损。

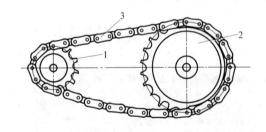

图 3-35 链传动

1—主动轮 2—从动轮 3—链条

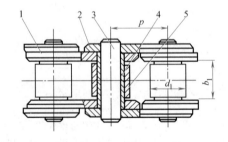

图 3-36 滚子链

1—内链板 2—外链板 3—销轴 4—套筒 5—滚子

链条上相邻两销轴中心的距离 p 称为节距，它是链条的主要参数。节距越大，链条各零件的尺寸及所能传递的功率也越大。但当链轮的齿数一定时，链轮的直径随节距的增大而增大。为使链轮不致过大，当需要承受较大的载荷、传递较大的功率时，可使用多排链。多排链相当于几个普通的单排链彼此之间用长销轴连接而成。其承载能力与排数成正比，但排数越多，越难使各排受力均匀，因此排数不宜过多，实际运用中一般不超过 4 排。

为将链条两端连接起来，当链节数为偶数时，外链板与内链板正好相接，可用开口销或弹簧锁片固定销轴，如图 3-37 所示。若链节数为奇数，则需采用过渡链节，由于过渡链节的链板要受附加的弯矩作用，对传动不利，故尽量不采用奇数链节的闭合链。

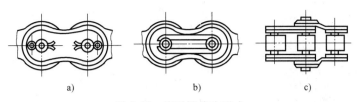

a)   b)   c)

图 3-37 滚子链接头形式
a) 开口销 b) 弹簧锁片 c) 过渡链节

2. 齿形链

齿形链由齿形链板、导板、套筒和销轴等组成，如图 3-38 所示，与滚子链相比较，齿形链传动平稳，传动速度高，承受冲击的性能好，噪声小（又称无声链），但结构复杂，装拆较难，质量较大，易磨损，成本较高。

图 3-38 齿形链

项目四

蜗杆减速器的组装

【项目描述】

蜗杆减速器具有传动比大、结构紧凑、传动平稳等特点，因此在机器设备中被广泛采用，其实物如图 4-1 所示。蜗杆减速器是由封闭在箱体内的蜗轮和蜗杆进行啮合，主要包括蜗轮、蜗杆、箱体、联轴器等。本项目主要完成一级蜗杆减速器装配图的识读，在此基础上完成一级蜗杆减速器传动部分及箱体的装配。

图 4-1　蜗杆减速器实物图

本项目包括三个任务。

蜗杆减速器的组装 { 任务一　识读蜗杆减速器装配图
任务二　组装蜗杆传动机构
任务三　组装箱体

任务一　识读蜗杆减速器装配图

【任务描述】

　　本任务主要是通过识读蜗杆减速器的装配图，掌握识读装配图的方法和步骤，进一步了解装配图的作用和内容，学会对简单装配体的装配图进行尺寸、公差及技术要求的分析；能根据装配图，弄清机械部件的组成与结构，为机械部件的组装与调试打好基础。

【任务分析】

　　装配图是组装、调试机械设备的重要技术资料，对机械设备的认识需要从实物和装配图两个角度进行。以蜗杆减速器的装配图为线索，参照实物读懂装配图。

　　机械设备的组装，不仅要求各部件的结构、尺寸、精度要达到一定的标准，而且对各部件之间的连接与配合方式、配合精度等都有具体的要求。因此，识读装配图要结合国家标准，理解相互配合的零部件之间的公差与配合要求。

【相关知识】

一、配合的基本概念

1. 配合

公称尺寸相同的、相互结合的孔和轴公差带之间的关系，称为配合。

2. 配合的种类

根据设计要求、使用要求的不同，配合的松紧程度也不同，国家标准将配合分为三种。

（1）间隙配合　孔的下极限尺寸大于或等于轴的上极限尺寸，即具有间隙的配合。

（2）过盈配合　孔的上极限尺寸小于或等于轴的下极限尺寸，即具有过盈的配合。

（3）过渡配合　过渡配合是指可能具有间隙或过盈的配合。

3. 基本偏差

标准公差决定公差带的大小，而公差带的位置由基本偏差确定。基本偏差是指靠近零线的那个偏差，它可以是上极限偏差，也可以是下极限偏差。国家标准对孔和轴分别规定了28种基本偏差，用一个或两个拉丁字母表示，大写字母代表孔，小写字母代表轴。

　　孔的基本偏差代号有：A、B、C、CD、D、E、EF、F、FG、G、H、J、JS、K、M、N、P、R、S、T、U、V、X、Y、Z、ZA、ZB、ZC。

　　轴的基本偏差代号有：a、b、c、cd、d、e、ef、f、fg、g、h、j、js、k、m、n、p、r、s、t、u、v、x、y、z、za、zb、zc。

　　基本偏差代号从左至右由最大间隙变化到最大过盈，中间由 J（j）到 N（n）为过渡配合。

4. 配合制度

（1）基孔制　基本偏差为一定的孔的公差带与不同基本偏差的轴的公差带形成各种配合的一种制度称为基孔制。基孔制是在同一公称尺寸的配合中，将孔的公差带位置固定，通过变动轴的公差带得到各种不同的配合。基孔制的孔称为基准孔，基本偏差代号为"H"，下极限偏差为零。轴的基本偏差代号为"f"时为间隙配合；代号为"k""n"时为过渡配合；代号为"s"时为过盈配合，如图4-2所示。

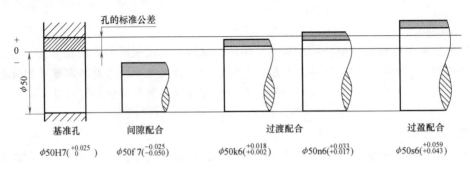

图 4-2　基孔制配合

（2）基轴制　基本偏差为一定的轴的公差带与不同基本偏差的孔的公差带形成各种配合的一种制度称为基轴制。基轴制的轴称为基准轴，基轴制的代号为"h"，其上极限偏差为零，如图4-3所示。

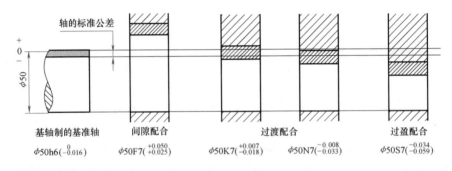

图 4-3　基轴制配合

因为孔比轴难加工，一般情况下，优先采用基孔制。基轴制只在特殊场合应用，例如，标准轴承与孔的配合采用基轴制。

综上所述，公差带代号是由基本偏差代号和标准公差等级组成的。

【例4-1】　说明"$\phi 50H7$"的含义。

$\phi 50$——公称尺寸；H7——孔的公差带代号；H——孔的基本偏差代号；7——标准公差等级为IT7级，为基孔制的基准孔。

【例4-2】　说明"$\phi 30f7$"的含义。

$\phi 30$——公称尺寸；f7——轴的公差带代号；f——轴的基本偏差代号；7——标准公差等级为IT7级，为基孔制间隙配合的轴。

二、极限与配合在图样上的标注

1. 在装配图上的标注

在装配图上标注极限与配合时，其代号必须在公称尺寸的后边，用分数形式注出，分子为孔的公差带代号，分母为轴的公差带代号。

其注写形式有三种，如图 4-4 所示。

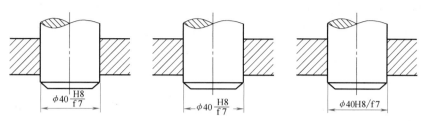

图 4-4　配合代号在装配图上的标注

2. 在零件图上的标注

在零件图上标注极限与配合也有三种形式：大批量生产的零件图，可只注出公差带代号；中、小批量生产的零件图，一般只注出极限偏差，上极限偏差注在上方，下极限偏差与其公称尺寸在同一底线上，极限偏差数字高度比公称尺寸小一号；有时也同时注出公差带代号和极限偏差，这时偏差值应加上圆括号，如图 4-5 所示。

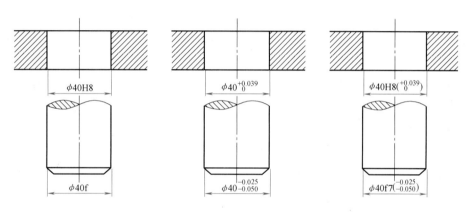

图 4-5　极限与配合在零件图上的标注

【任务实施】

一、工作准备

一级蜗杆减速器装配图（见图 4-6，见书后插页）1 张 ，一级蜗杆减速器一台。

二、实施步骤

1. 检查

观察蜗杆减速器的外部结构特征，分析各零件、组件的作用并记录下来。

2. 识读蜗杆减速器装配图

（1）概括了解　首先阅读标题栏，如图 4-6 所示，由标题栏可知该装配体名称为一级蜗杆减速器，主要用于功率不太大的传动场合。然后对照序号和明细栏逐一了解组成蜗杆减速器的零件的名称、数量、材料及大致位置。该减速器的组成零件工有 42 种，主要包括：通气器、视孔盖、垫片、箱盖、箱座、轴承端盖、蜗杆轴、蜗轮轴、蜗轮、油尺等普通零件和 22 种标准件。

（2）分析工作原理及装配关系

1）分析各视图的表达方法，弄清它们的表达意图。主视图采用局部剖视图的方法，清楚地表达了蜗杆减速器的工作原理、传动路线及蜗杆轴与轴承座、轴承端盖等之间的装配关系；上部采用半剖视图，表达了通气器的结构；另外，还有一个移出剖面图，表达了甩油板的结构。

左视图采用三个局部视图，分别表达了封油垫、油塞和油尺的位置及与箱座的连接关系；圆锥销和启盖螺钉在蜗轮轴上的位置及连接方法。另外，同样表达清楚了蜗杆、蜗轮轴的相对位置和总高度尺寸。

俯视图主要采用局部剖视图的方法，清楚表达了蜗轮轴与轴承座、轴承端盖的连接和装配关系；蜗轮与蜗轮轴的键连接方式等。

减速器采用三个视图和一个移出断面图，把该减速器的外观结构、工作原理、零件之间的装配关系表达清楚。

2）分析尺寸及技术要求

① 分析尺寸。包括性能尺寸、装配尺寸、安装尺寸和外形尺寸。

a. 性能尺寸（规格尺寸）。蜗杆轴直径尺寸 $\phi40k6$、毡圈内孔尺寸 $\phi36f9$、圆锥滚子轴承内孔直径 $\phi90H7$，蜗杆高度尺寸 150mm；蜗轮轴的直径尺寸 $\phi60k6$、毡圈内孔尺寸 $\phi58f9$，圆锥滚子轴承内孔直径 $\phi110H7$ 和高度尺寸（相对于蜗杆轴）（160±0.05）mm。

b. 装配尺寸。用以保证机器（或部件）装配性能的尺寸称为装配尺寸。装配尺寸分为配合尺寸和相对位置尺寸。

ⅰ. 配合尺寸。在该装配图中，主要的配合尺寸有：

$\phi90H7/f9$：蜗杆轴上圆锥滚子轴承外套与箱体孔之间的配合尺寸，其公称尺寸为 $\phi90mm$，基孔制，孔的基本偏差代号为 H，公差等级为 7 级；轴的基本偏差代号为 f，公差等级为 9 级，查公差配合表可知，两者之间的配合为间隙配合。

$\phi40k6$：蜗杆轴与圆锥滚子轴承内孔之间的配合尺寸，其公称尺寸为 $\phi40mm$，基孔制，孔为轴承内表面，轴的基本偏差代号为 k，公差等级为 6 级，属于过渡配合。

$\phi36f9$：蜗杆轴与毡圈内孔之间的配合尺寸，其公称尺寸为 $\phi36mm$，基孔制，孔为轴承内表面，轴的基本偏差代号为 f，公差等级为 9 级，属于间隙配合。

$\phi110H7/f9$：蜗轮轴上角接触球轴承外套与箱体孔之间的配合尺寸，其公称尺寸为 $\phi110mm$，基孔制，孔的基本偏差代号为 H，公差等级为 7 级；轴的基本偏差代号为 f，公差等级为 9 级，查公差配合表可知，两者之间的配合为间隙配合。

$\phi60k6$：蜗轮轴与角接触球轴承内孔之间的配合尺寸，其公称尺寸为 $\phi60mm$，基孔制，空位轴承内表面，轴的基本偏差代号为 k，公差等级为 6，属于过渡配合。

$\phi65H8/n6$：蜗轮轴与蜗轮之间的配合尺寸，其公称尺寸为 $\phi65mm$，基孔制，孔的基本偏差代号为 H，公差等级为 8 级；轴的基本偏差代号为 n，公差等级为 6，属于过盈配合。

$\phi60H8/h6$：蜗轮轴与套筒之间的配合尺寸，其公称尺寸为 $\phi60mm$，基孔制（或基轴制），孔的基本偏差代号为 H，公差等级为 8 级；轴的基本偏差代号为 h，公差等级为 6，属于间隙配合。

ⅱ. 相对位置尺寸。表示装配体在装配时需要保证的零件间较重要的距离尺寸和间隙尺寸。如图中蜗轮轴与蜗杆轴之间的在高度方向的相对位置尺寸为（160±0.05）mm；蜗轮轴在长度方向上相对于蜗杆轴左端面的位置尺寸为 244mm。

　　c. 安装尺寸。减速箱安装孔的孔心距尺寸为 202mm 和 176mm。

　　d. 外形尺寸。总长为 258mm，总宽为 226mm，总高为 491mm。

　　② 分析技术要求。由于装配图的性能、用途各不相同，因此其技术要求也不相同，制订装配图的技术要求时，应具体分析，一般从以下三个方面考虑：

　　a. 装配要求：指装配过程中的注意事项，装配后应达到的要求。

　　b. 检验要求：指对装配体的基本性能的检验、试验、验收方面的说明等。

　　c. 使用要求：对装配体的性能、维护、保养使用注意事项的说明。

　　装配图上的技术要求一般用文字注写在图样下方的空白处，但是，不是每一张装配图都要求全部注写，应根据具体情况而定。

　　蜗杆减速器上对零件表面的清洁、啮合间隙、轴承的轴向间隙、齿面接触点等做了详细说明，如装配图中文字所述。

　　3) 分析零件之间的装配关系。蜗杆轴两端的装配：轴的两端用圆锥滚子轴承及箱体支承，圆锥滚子轴承与箱体内孔、蜗杆轴与圆锥滚子轴承内孔配合，将蜗杆轴定位在箱体相应的位置，做好蜗杆轴的的定位；蜗杆轴左侧与轴承端盖的毡圈配合（毡圈起到密封防尘的作用），左右两端各有轴承端盖轴向固定蜗杆；蜗杆轴左侧键与其他传动机构连接，保证动力传递。

　　蜗轮轴两端的装配：轴由两个角接触球轴承支承，角接触球轴承与箱体内孔、蜗轮轴与角接触球轴承内孔、轴与套筒之间配合，将蜗轮轴定位在箱体相应的位置，做好蜗轮轴的定位；蜗轮轴前端与轴承端盖的毡圈配合，前端有垫圈，可调整蜗轮轴的轴向位置；前后端轴承端盖轴向固定蜗轮轴。

　　(3) 分析零件　对照图中的序号和明细栏，按照先简单后复杂的顺序，逐一了解各零件的结构形状，对于生活中比较熟悉的标准件、常用件和简单零件，可先将其看懂，最后剩下个别复杂的零件，再集中精力去分析、看懂。

　　(4) 构思整体结构，归纳总结　在看懂零件图的基础上，分析各零件在图上的方位关系，按照自上而下、自左向右的原则构思整体结构，综合归纳，为装配做好准备。

任务二　组装蜗杆传动机构

【任务描述】

　　本任务主要是通过对蜗杆减速器传动机构的组装，了解蜗杆传动的类型、组成、特点及应用，对蜗杆传动进行基本的维护，进一步熟悉装配图的识读方法与步骤；能根据装配图，独立完成简单装配体的总装与调试。

【任务分析】

　　蜗杆传动是一种重要的传动机构，也是蜗杆减速器的主要结构。

　　为了保证蜗杆减速器的正常工作，在组装蜗杆传动机构时，要按照装配图的要求，合理选择工具和装配方法，正确判断蜗杆的旋向，分析并计算传动比。

【相关知识】

一、蜗杆传动的组成

蜗杆传动（见图 4-7）机构由蜗杆 1 和蜗轮 2 组成，用以传递空间两交错垂直轴之间的运动和动力，其中，蜗杆是主动件，蜗轮是从动件。蜗杆实际上是一种特殊的梯形螺纹，其轴向截面的齿廓呈直线型，牙型角为 40°；蜗杆的齿数以头数表示，有单头和多头之分（但一般不超过四头）。蜗轮形如一斜齿轮，齿数可以较多。单头蜗杆旋转一周，蜗轮只旋转一个齿。

二、蜗杆传动的类型

蜗杆传动的类型如图 4-8 所示，根据蜗杆的形状，蜗杆传动可分为圆柱蜗杆传动、环面蜗杆传动和锥面蜗杆传动。

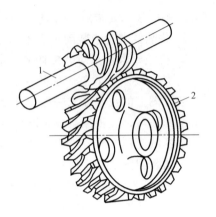

图 4-7　蜗杆传动
1—蜗杆　2—蜗轮

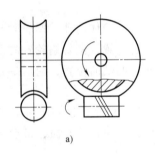 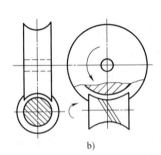 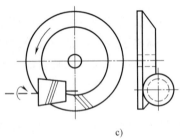

a)　　　　　　　　　b)　　　　　　　　　c)

图 4-8　蜗杆传动的类型
a）圆柱蜗杆传动　b）环面蜗杆传动　c）锥面蜗杆传动

圆柱蜗杆传动，按蜗杆轴面齿型又可分为普通蜗杆传动和圆弧齿圆柱蜗杆传动。

普通蜗杆传动多用直母线切削刃的车刀在车床上切制，可分为阿基米德蜗杆（ZA 型）、渐开蜗杆（ZI 型）和法面直齿廓蜗杆（ZH 型）等几种。

如图 4-9 所示，车制阿基米德蜗杆时切削刃顶平面通过蜗杆轴线。该蜗杆轴向齿廓为直线，端面齿廓为阿基米德螺旋线。阿基米德蜗杆易车削难磨削，通常在无需磨削加工情况下被采用，广泛用于转速较低的场合。

如图 4-10 所示，车制渐开线蜗杆时，切削刃顶平面与基圆柱相切，两把刀具分别切出左、右侧螺旋面。该蜗杆轴向齿廓为外凸曲线，端面齿廓为渐开线。渐开线蜗杆可在专用机床上磨削，制造精度较高，可用于转速较高、功率较大的传动。

蜗杆传动类型很多，本任务仅讨论目前应用最为广泛的阿基米德蜗杆传动。

三、蜗杆传动的特点

蜗杆传动与齿轮传动相比，具有以下特点：

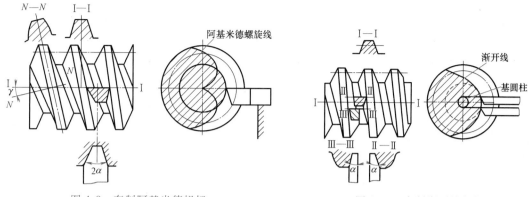

图 4-9 车制阿基米德蜗杆   图 4-10 车制渐开线蜗杆

1）传动比大。一般动力机构中，$i_{12} = 10 \sim 80$；在分度机构中，i_{12} 大于 1000。

2）工作平稳，噪声小。

3）一般具有自锁性。只能由蜗杆带动蜗轮，不能由蜗轮带动蜗杆，故可用在升降机构中，起安全保护作用。

4）因齿面滑动较大，故效率低（易发热），成本高。普通蜗杆传动效率为 0.7 ~ 0.9，具有自锁性的蜗杆传动效率只有 0.4 ~ 0.5。

蜗杆传动适用于传动比大，而传递功率不大（一般小于 50kW）且做间歇运转的设备中，广泛应用在汽车、起重运输机械和仪器仪表中。

四、蜗杆传动的失效与材料

1. 失效形式

在蜗杆传动中，轮齿的破坏与齿轮传动相似，主要有点蚀、折断、胶合和磨损，但因蜗杆传动齿面间有较大的相对滑动，摩擦、磨损大，发热量也大，故最易出现磨损与胶合。闭式传动的主要失效形式为点蚀和胶合，开式传动的轮齿磨损严重，主要失效形式是轮齿磨损后过载折断。

通常蜗轮轮齿材料比蜗杆材料软，所以磨损、点蚀、胶合一般出现在蜗轮轮齿上。

2. 材料选取

根据蜗杆传动失效特点，选择蜗杆、蜗轮材料组合时，不仅要有足够的强度、刚度，而且要有良好的减摩性、耐磨性和抗胶合能力。实践表明：较理想的材料组合是青铜蜗轮和淬火后磨削的钢制蜗杆。

（1）蜗杆材料　蜗杆常用碳钢、合金钢淬火再经磨削加工制造。由于蜗杆齿比蜗轮齿啮合次数多，为减小磨损，避免胶合，要求蜗杆表面具有足够的硬度和较高的表面质量。对高速、重载的传动，蜗杆常采用低碳合金钢（如 15Cr、20Cr 等），淬火硬度为 56 ~ 62HRC；对于传递一般动力的蜗杆可用优质碳素结构钢或合金结构钢（如 45、35SiMn、40Cr），淬火硬度为 45 ~ 55HRC；对于低速不重要的蜗杆可采用 40、50 等碳素结构钢，再经调质处理，硬度为 210 ~ 230HBW。

（2）蜗轮的材料　常用蜗轮材料为铸造锡青铜（ZCuSn10P1、ZCuSn5Pb5Zn5）、铸造铝青铜（ZCuAl10Fe3）及灰铸铁（HT150、HT200）等。其中锡青铜耐磨性、抗胶合能力最好，但价格高，主要用于滑动速度较高的重要传动；在仪器仪表中，也可采用工程塑料。

【任务实施】

一、工作准备

工具列表见表 4-1。

表 4-1　工具列表

工具名称	数量	图　示	工具名称	数量	图　示
顶拔器	1 个/组		套筒	1 个/组	
			台虎钳	1 个/组	
锤子	1 把/组		《机械零件设计手册》	1 本/组	
铜棒	1 根/组				

二、实施步骤

1. 组装蜗轮与蜗轮轴

（1）组装蜗轮　由装配图可知，蜗轮与蜗轮轴之间的配合尺寸为 $\phi65H8/n6$，属于过盈配合，但过盈量很小。因此，将蜗轮上键槽与蜗轮轴上的键位置对应，插到蜗轮轴上，调整位置，轻轻沿蜗轮四周敲击，将蜗轮装入蜗轮轴。

（2）组装蜗轮轴　先将蜗轮轴放在箱体内合适的位置，再组装轴承。由装配图可知，蜗轮轴上角接触球轴承外套与箱体孔之间的配合尺寸 $\phi110H7/f9$，属于间隙配合；蜗轮轴与套筒之间的配合尺寸为 $\phi60H8/h6$，属于间隙配合。蜗轮轴与角接触球轴承内孔之间的配合尺寸为 $\phi60k6$，属于过渡配合。先将套筒套在蜗轮轴的前端，按照安装蜗杆轴上轴承的方法，将蜗轮轴两端的角接触球轴承安装到相应的位置。

2. 蜗杆传动回转方向的判断

蜗杆传动时蜗轮的转动方向不仅与蜗杆转动方向有关，而且与蜗杆轮齿的螺旋方向有关。蜗轮回转方向的判定方法如下：当蜗杆是右旋时，如图 4-11a 所示，用右手半握拳，四指顺着蜗杆转动方向，蜗轮转动指向为与大拇指指向相反的逆时针方向；当蜗杆是左旋时，如图 4-11b 所示，用左手半握拳，四指顺着蜗杆转动方向，蜗轮转动方向为与大拇指指向相反的顺时针方向。

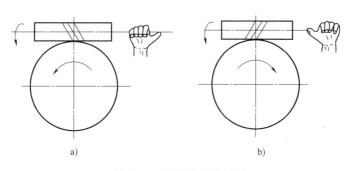

图 4-11　蜗轮转向的判别

a）蜗杆右旋蜗轮转向　b）蜗杆左旋蜗轮转向

3. 蜗杆传动的传动比

设蜗杆头数为 z_1，转速为 n_1；蜗轮齿数为 z_2，转速为 n_2，则蜗杆传动的传动比与齿轮传动相同，即

$$i_{12} = \frac{n_1}{n_2} = \frac{z_2}{z_1}$$

因蜗杆的头数较少，所以蜗杆传动的传动比很大，多用于需降速较大的传动场合。

4. 组装蜗杆轴

1）读懂装配图，按照图样要求将蜗杆轴放入箱体内，并适当调整其位置。

2）组装两端圆锥滚子轴承。由装配图可知，蜗杆轴与圆锥滚子轴承内孔的配合 $\phi40k6$，属于过渡配合；蜗杆轴上圆锥滚子轴承外套与箱体孔之间的配合为 $\phi90H7/f9$，属于间隙配合。两个配合都属于松配合，故装配时，先选用软金属材料制作套筒，套筒内径应略大于轴颈 $1\sim4\mathrm{mm}$，外径略小于轴承内圈挡边直径，然后将轴承装到轴上，再安装套筒，用锤子均匀敲击套筒慢慢装合。当套筒端盖为平顶时，锤子应沿其圆周依次均匀敲击套筒。

5. 整理现场

清理现场工具及材料。

任务三　组装箱体

【任务描述】

本任务主要是通过对蜗杆减速器箱体的组装，了解减速器箱体安装的基本过程和注意事项，对减速器箱体进行适当的调整并进行简单的实验调试；能根据装配图，进行箱体的安装，并正确组装输出轴的联轴器，进行总体调试。

【任务分析】

减速器箱体是传动机构的重要支承和保护结构，能保证减速器的正常运行，因此，对减速器箱体的组装要按照各零部件的尺寸相对位置和相关的技术要求进行装配。

减速器经过蜗杆传动后，要保证动力输出，因此，输出轴通常与其他轴用联轴器进行连接；根据动力传递的需要，正确选择不同的联轴器，并进行联轴器的安装与调试。

【相关知识】

一、概述

联轴器是连接两轴或轴和回转件，在传递转矩和运动过程中一同回转而不脱开的一种机械装置。在机器运转过程中，两轴或轴和回转件不能分开，只有在机器停止转动后用拆卸的方法才能将它们分开。有的联轴器还可以用作安全装置，保护被连接的机械零件不因过载而损坏。机械式联轴器分为刚性联轴器、挠性联轴器和安全联轴器三大类。

二、几种常用联轴器的结构

（1）凸缘联轴器 凸缘联轴器是利用螺栓连接两半联轴器的凸缘，以实现两轴连接的联轴器。它是刚性联轴器中应用最广的一种联轴器。图 4-12 所示为常见的凸缘联轴器。

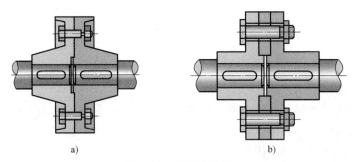

图 4-12 凸缘联轴器

a）用凸肩和凹槽对中 b）用铰制孔螺栓对中

（2）套筒联轴器 图 4-13 所示为套筒联轴器。它是利用公用套筒，以某种方式连接两轴的联轴器。公用套筒与两轴连接的方式常用键连接或销连接。套筒联轴器是刚性联轴器。

（3）鼓形齿联轴器（齿式联轴器） 图 4-14 所示为鼓形齿联轴器。它是利用内外齿啮合，以实现两半联轴器连接的联轴器。鼓形齿联轴器是一种无弹性元件的挠性联轴器。

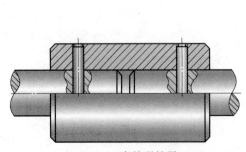

图 4-13 套筒联轴器

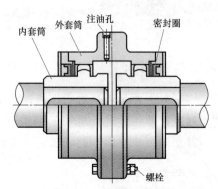

图 4-14 鼓形齿联轴器

（4）滑块联轴器 图 4-15 所示为滑块联轴器。它是利用中间滑块，在其两侧半联轴器端面的相应径向槽内滑动，以实现两半联轴器连接的联轴器。

（5）万向联轴器　图 4-16 所示为万向联轴器，即允许在较大角位移时传递转矩的联轴器。万向联轴器也是无弹性元件的挠性联轴器。

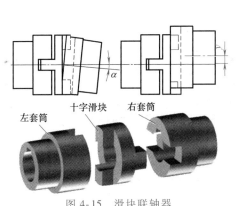

图 4-15　滑块联轴器

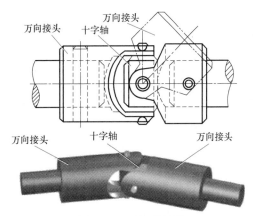

图 4-16　万向联轴器

（6）弹性套柱销联轴器和弹性柱销联轴器　图 4-17 所示为弹性套柱销联轴器，是利用一端带有弹性套的柱销，装在两半联轴器凸缘孔中，以实现两半联轴器连接的联轴器。

图 4-18 所示为弹性柱销联轴器，是将若干非金属材料制成的柱销，置于两半联轴器凸缘孔中，以实现两半联轴器连接的联轴器。

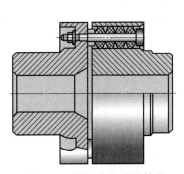

图 4-17　弹性套柱销联轴器

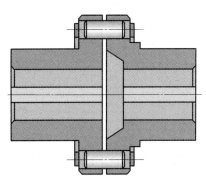

图 4-18　弹性柱销联轴器

（7）安全联轴器　安全联轴器是具有过载安全保护功能的联轴器。当机器过载或受冲击时，联轴器中的连接件自动断开，从而中断两轴的联系，避免机器重要零部件受到损坏。安全联轴器分为铜棒式、摩擦片式和永磁式三种。图 4-19 所示为常用的铜棒安全联轴器。

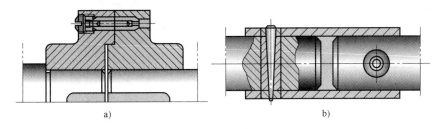

a)　　　　　　　　　　　　　　　　b)

图 4-19　铜棒安全联轴器

a）法兰盘式剪销安全联轴器　b）套筒式剪销安全联轴器

【任务实施】

一、工作准备（表4-2）

表4-2　工具列表

工具名称	数量	图　　示
活扳手	1个/组	
锤子	1把/组	
螺钉旋具	1根/组	
台虎钳	1个/组	
《机械零件设计手册》	1本/组	

二、实施步骤

1. 选择联轴器

常用的联轴器都已经标准化，选用时根据机器的工作特点与要求，结合联轴器的性能特点选择合适的类型。

联轴器的类型可根据工作要求选择。当轴的转速低，刚度大，能保证严格对中或轴的长度不大时，可选用刚性固定式联轴器；减速器输入轴和电动机相连时，其转速高，转矩小，多选用弹性套柱销联轴器；中小型减速器输出轴可采用弹性柱销联轴器；对于安装对中困难、频繁起动或正反转的低速重载轴的连接，宜选用齿式联轴器。

依据上述选择原则，该减速器输出轴即蜗轮轴的联轴器应该选用弹性柱销联轴器。

2. 安装联轴器

1）先安装蜗轮轴（输出轴）的半联轴器，使键的两侧面与键槽的壁严密贴合，一般在装配时用涂色法检查，配合不好时可以用锉刀或铲刀修复使其达到要求。键上部一般有间隙，为 $0.1 \sim 0.2mm$。

2）以输出联轴器为基准，保证两轴的同轴度，调整两个联轴器之间的间隙和中心位置。

3. 拧紧地脚螺栓

拧紧地脚螺栓后对各项要求再测量一次，合格后浇灌地脚螺栓。

4. 整理现场

清理现场工具及材料。

【项目评价标准】（表4-3）

表4-3　项目评价标准

	评价内容	评价要点	评价标准
知识	识读装配图	装配图的技术要求	1. 能否正确识别配合的概念及种类 2. 能否正确识别基孔制和基轴制 3. 能否正确指出装配图中的配合精度 4. 能否正确判断装配图中各零件的装配关系
	蜗轮蜗杆	蜗轮蜗杆的组成、类型、特点、传动比和方向判断	1. 能否说明蜗杆传动的组成 2. 能否正确指出蜗杆的类型 3. 能否正确说明蜗杆传动的传动比 4. 能否正确判断蜗杆传动的回转方向 5. 能否正确说明蜗杆传动的材料机构及失效形式
	联轴器	联轴器的概念、类别、选择方法	1. 能否正确说明联轴器的作用 2. 能否正确指出机器中所用联轴器的类型 3. 能否正确指出直齿圆柱齿轮五个基本参数的名称与含义
能力	读装配图	装配图中配合精度的判断	1. 读装配图的基本步骤 2. 判断装配精度和配合关系的方法
	蜗轮蜗杆的组装	1. 工具的使用 2. 蜗杆与蜗轮轴的组装方法。	1. 锤子、铜棒、压力机等工具的正确使用 2. 蜗杆与蜗轮轴的组装方法与注意事项
	联轴器的组装	1. 工具的使用 2. 联轴器的组装方法	1. 螺钉旋具、锤子、台虎钳等工具的正确使用 2. 正确选择联轴器 3. 联轴器的组装方法与注意事项
	素质	1. 安全意识 2. "5S"意识 3. 团队合作意识	1. 服装、鞋帽等是否符合工作现场要求 2. 是否按安全要求规范使用工具 3. 工作现场是否进行整理并达到"5S"要求 4. 遇到问题是否发挥团队合作精神

【知识拓展】

拓展一　四 杆 机 构

一、平面连杆机构的概念

用铰链、滑道等方式将杆件连接成的平面机构称为平面连杆机构。用铰链连成的四杆机构称为铰链四杆机构，简称四杆机构。它是平面连杆机构的基础，应用较多。

二、铰链四杆机构的基本形式

铰链四杆机构的组成如图 4-20 所示。图中 AD 固定不动，称为机架。1、3 杆与机架在 A、D 处连接，称为连架杆。2 杆在 B、C 处与二连架杆连接，称为连杆。

连架杆中如能连续整周回转则称为曲柄，不能整周回转，只能往复摇摆一定角度则称为摇杆。

1. 曲柄摇杆机构

在铰链四杆机构中，若二连架杆，一个是曲柄，一个是摇杆，则称为曲柄摇杆机构。

曲柄摇杆机构中，一般曲柄为主动件，但也有摇杆为主动件的。图 4-21a 所示的缝纫机踏板系统，可以简化为图 4-21b 所示的简图，踏板简化成摇杆 3，轮轴简化成曲柄 1。当脚踏动摇杆 3 使其做往复摆动时，通过连杆 2，使曲柄 1 做连续转动，从而进行缝纫工作。

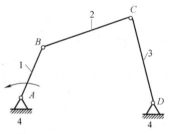

图 4-20　铰链四杆机构的组成

图 4-22 所示为调整雷达天线俯仰角的曲柄摇杆机构。曲柄 1 缓慢地匀速转动，通过连杆 2，使摇杆 3 在一定角度范围内摆动，从而调整天线俯仰角的大小。

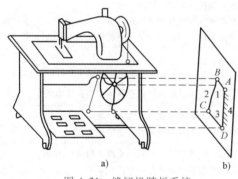

图 4-21　缝纫机踏板系统

1—曲柄　2—连杆　3—摇杆　4—机架

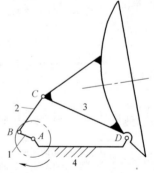

图 4-22　调整雷达天线俯仰角的曲柄摇杆机构

1—曲柄　2—连杆　3—摇杆　4—机架

2. 双曲柄机构

铰链四杆机构中的两连架杆均为曲柄，则称为双曲柄机构。

图 4-23 所示为惯性筛，当主动曲柄 1 绕轴 A 做等角速转动时，从动曲柄 3 便绕轴 D 做变角速转动，通过构件 5 时筛子做往复直线运动，被筛的物料因惯性而被筛选。

在图 4-24 所示的双曲柄机构中，如果两曲柄的长度相等并且平行，连杆 2 与机架 4 的长度也相等并且平行，则称为平行双曲柄机构。这种机构的运动特点是：两曲柄的角速度始终保持相等并转向相同，连杆在运动过程中始终做平动运动。

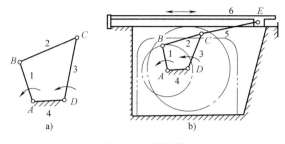

图 4-23 惯性筛

1—主动曲柄 2—连杆 3—从动曲柄 4—机架 5—构件 6—筛子

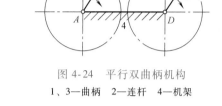

图 4-24 平行双曲柄机构

1、3—曲柄 2—连杆 4—机架

图 4-25 所示的机车车轮的联动机构就是平行双曲柄机构的应用实例。

如图 4-26 所示，当使平行双曲柄机构的两个曲柄 1、3 转向相反时，机构称为逆平行双曲柄机构。

图 4-27 所示的车门启闭机构，采用了逆平行双曲柄机构，以保证与两曲柄 AB、CD 固接的两扇车门，能同时反向启闭。

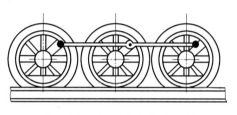

图 4-25 机车车轮的联动机构

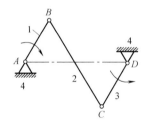

图 4-26 逆平行双曲柄机构

1、3—曲柄 2—连杆 4—机架

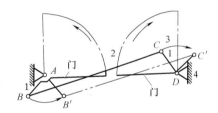

图 4-27 车门启闭机构

1、3—曲柄 2—连杆 4—机架

3. 双摇杆机构

铰链四杆机构中的两连架杆均为摇杆时，则称为双摇杆机构。

图 4-28 所示的港口起重机为双摇杆机构的应用实例。其连杆上 E 点的轨迹 EE' 近似水平直线，使所吊重物沿水平方向移动，从而避免了不必要的升降所引起的能量损耗。

三、铰链四杆机构类型的判别方法

铰链四杆机构中，相邻两构件相对转整周的条件有以下两个（证明从略）：

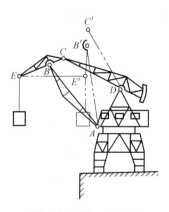

图 4-28 港口起重机

1. 杆件长度条件

铰链四杆机构中，最长杆 l_{max} 与最短杆 l_{min} 长度之和小于或等于其余两杆 l'、l'' 的长度之和，即

$$l_{max}+l_{min} \leqslant l'+l''$$

2. 最短杆条件

相邻两构件之一必须是四杆机构中的最短杆。

铰链四杆机构类型的判别方法如下：

（1）满足杆件长度条件　将机构中各构件轮换作机架，可获得铰链四杆机构的三种基本类型。

1）取与最短杆 1 相邻的杆 2 或杆 4 为机架，如图 4-29a、b 所示，则杆 1 为曲柄，杆 3 为摇杆，故得曲柄摇杆机构。

2）取最短杆 1 作机架，如图 4-29c 所示，杆 2、4 均为曲柄，故得双曲柄机构。

3）取最短杆 1 对面的杆 3 作机架，如图 4-29d 所示，机构无曲柄，杆 2、4 均为摇杆，故得双摇杆机构。

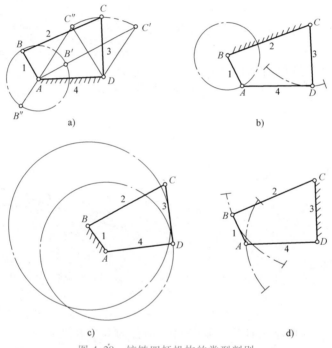

图 4-29　铰链四杆机构的类型判别

（2）不满足杆件长度条件　此机构是双摇杆机构。

四、单移动副四杆机构

除了铰链四杆机构的上述三种形式外，人们还广泛采用其他形式的平面四杆机构，而这些平面四杆机构均是由铰链四杆机构通过一定途径演化而来的。

1. 偏心轮机构

在图 4-30a 所示的曲柄摇杆机构中，杆 1 为曲柄，杆 3 为摇杆，若将转动副的销钉 B 的

半径逐渐扩大至超过曲柄的长度，便可得到图 4-30b 所示的机构，这时曲柄演变成一几何中心不与回转中心相重合的圆盘，此圆盘称为偏心轮，该两轮中心之间的距离称为偏心距，它等于曲柄长。曲柄为偏心轮的机构称偏心轮机构。

偏心轮机构一般多用于曲柄销承受较大冲击载荷或曲柄较短的机构，如剪床、压力机，以及破碎机等。

2. 曲柄滑块机构

在图 4-31a 所示的曲柄摇杆机构中，杆 1 为曲柄，杆 3 为摇杆，若在机架上做一弧形槽，槽的曲率半径等于摇杆 3 的长度，把摇杆 3 改成弧形滑块，如图 4-31b 所示，这样尽管把转动副改成了移动副，但相对运动的性质却完全相同。如果将圆弧形槽的

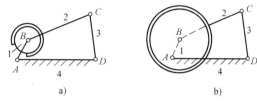

图 4-30　偏心轮的结构形式

半径增加到无穷大，则圆弧形槽变成了直槽，这样曲柄摇杆机构就演化成了偏置的曲柄滑块机构，如图 4-31c 所示，图中 P 为曲柄中心 A 至直槽中心线的垂直距离，称为偏心距。图 4-31c 所示机构为对心曲柄滑块机构，常简称为曲柄滑块机构，如图 4-31d 所示。因此，可以认为曲柄滑块机构是由曲柄摇杆机构演化而来的。

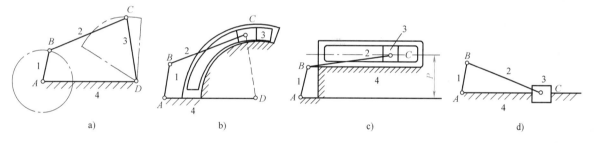

图 4-31　曲柄摇杆机构的演化

曲柄滑块机构在机械中应用十分广泛，如内燃机、搓丝机、自动送料装置，以及压力机都是曲柄滑块机构。在曲柄滑块机构中，若曲柄为主动件，可将曲柄的连续旋转运动，经连杆转换为从动滑块的往复直线运动，如图 4-32 所示的压力机，当曲柄连续旋转运动时，经连杆带动滑块实现加压工作；反之若滑块为主动件，经连杆转换为从动曲柄的连续旋转运动。

3. 导杆机构

若将图 4-33a 所示曲柄滑块机构中的构件 1 作为机架，就演化成导杆机构，如图 4-33b 所示。导杆机构可分转动导杆机构和摆动导杆机构。

（1）转动导杆机构　图 4-33b 所示的导杆机构中，若机架 1 为最短杆，它的相邻杆 2 与导杆 4 均能绕机架做连续转动，故称为转动导杆机构，如图4-34a所示。图 4-34b 所示为插床机构，其中构件 1、2、3、4 组成转动导杆机构，工作时，导杆 4 绕 A 点回转，

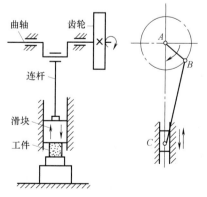

图 4-32　压力机机构

带动构件 5 及插刀 6 往复运动，实现切削。

（2）摆动导杆机构　图 4-33b 所示的导杆机构中，若增长机架 1，并使构件 2 缩短，则机架 1 的相邻构件导杆 4 只能绕机架摆动，故称为摆动导杆机构，如图 4-35a 所示。图 4-35b 所示为刨床机构，其中构件 1、2、3、4 组成摆动导杆机构，工作时，导杆 4 绕 A 点摆动，带动构件 5 及刨刀 6 往复运动，实现刨削。

4. 定块机构

若将图 4-33a 所示曲柄滑块机构中的构件 3 作为机架，就演化成定块机构，如图 4-36a 所示，此机构中滑块固定不动。图 4-36b 所示的抽水机，就应用了定块机构。当摇动手柄 1 时，在杆 2 的支承下，活塞杆 4 即在固定滑块 3（唧筒作为静件）内上下往复移动，以达到抽水的目的。

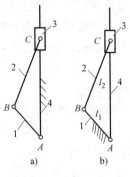
图 4-33　导杆机构

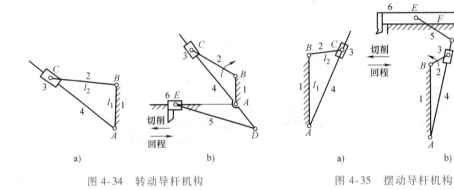
图 4-34　转动导杆机构　　　　图 4-35　摆动导杆机构

5. 摇块机构

若将图 4-33a 所示曲柄滑块机构中的构件 2 作为机架，就演化成摇块机构，如图 4-37a 所示，此机构中滑块相对机架摇动。这种机构常应用于摆缸式内燃机或液压驱动装置。图 4-37b 所示的自卸翻斗装置，就应用了摇块机构。杆 1（车厢）可绕车架 2 上的 B 点摆动。杆 4（活塞杆）和液压缸 3（摇块）可绕车架上 C 点摆动，当液压缸中的液压油推动活塞杆运动时，迫使车厢绕 B 点翻转，物料便自动卸下。

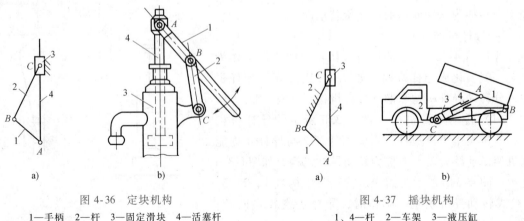
图 4-36　定块机构　　　　　　　　图 4-37　摇块机构
1—手柄　2—杆　3—固定滑块　4—活塞杆　　　1、4—杆　2—车架　3—液压缸

拓展二　凸 轮 机 构

一、凸轮机构概述

凸轮机构是由凸轮、从动件和机架组成的一种高副机构。凸轮是一个具有曲线轮廓或凹槽的构件。它能控制从动件运动规律，因此凸轮通常作主动件并做等速转动，当凸轮运动时，借助它的曲线轮廓（或凹槽），可使从动件按预定的运动规律做间歇的（也有连续的）直线往复移动或摆动，如图 4-38 所示。

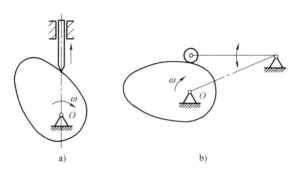

图 4-38　凸轮机构运动简图

a）从动件往复直线运动　b）从动件摆动

凸轮轮廓的曲线是根据从动件的运动规律设计的。因而，凸轮机构有以下应用特点：

1）便于准确地实现给定的运动规律。

2）结构简单紧凑，易于设计。

3）凸轮机构可以高速起动，动作准确可靠。

4）凸轮与从动件为高副接触，不便润滑，容易磨损，为延长使用寿命，传递动力不宜过大。

5）凸轮轮廓曲线不易加工，故多用于传力不大的自动或半自动机械的控制机构。

二、凸轮机构的类型

凸轮机构按凸轮的形状与从动件形状可分为不同类型。

1. 按凸轮的形状分类

（1）盘形凸轮（见图 4-39a）　盘形凸轮是凸轮的基本形式，应用最广，但从动件的行程不能太大，否则凸轮变化过大，对凸轮机构的工作不利，所以一般应用于行程较短的场合。

（2）移动凸轮（板状凸轮）（见图 4-39b）　可视为回转中心趋向于无穷远的盘形凸轮，它相对于机架做直线往复移动。

上述两种凸轮组成机构时，凸轮与从动件的相对运动是平面运动，因此，上述两种凸轮机构称为平面凸轮机构，其凸轮称为平面凸轮。

（3）圆柱凸轮（见图 4-39c）　在圆柱面上开有曲线凹槽，或在圆柱端面上制出曲线轮廓，可使从动件得到较大的行程，属于空间凸轮机构。

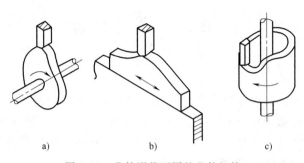

图 4-39　凸轮形状不同的凸轮机构

a）盘形凸轮　b）移动凸轮　c）圆柱凸轮

2. 按从动件的形状分类

（1）尖顶从动件（见图 4-40a、b）　这种从动件的结构最简单，而且尖顶能与任何形状的凸轮轮廓相接触，从而能实现较复杂的运动规律。但因尖顶极易磨损，故只适用于轻载、低速的凸轮机构和仪表中。

（2）滚子从动件（见图 4-40c、d）　在从动件的一端装有一个可自由转动的滚子。由于滚子与凸轮轮廓之间为滚动摩擦，故磨损较小，可用来传递较大的动力，应用广泛。

（3）平底从动件（如图 4-40e、f）　在凸轮轮廓与从动件底面之间易于形成油膜，润滑条件好，磨损小。当不计摩擦时，凸轮对从动件的作用力始终与平底相垂直，受力较平稳，传动效率高，所以常用于高速凸轮机构中。由于从动件为一平底，故不适用于带有内凹轮廓的凸轮机构。

三、凸轮机构的应用

凸轮机构的应用实例如图 4-41 所示。

（1）火柴自动装盒机构（尖顶从动件盘形凸轮机构）　如图 4-41a 所示，火柴梗自料斗装入，当插板在凸轮推动下插入料斗下部时，火柴梗便不能下落。待凸轮转到回程时，在弹簧的作用下插板退出，火柴梗落入盒中，接着插板插入，阻止火柴梗落下，这时正好装满盒。

（2）靠模车削机构（滚子从动件移动凸轮机构）　如图 4-41b 所示，工件转动时，靠模板和工件一起做向右的纵向移动，由于靠模板的曲线轮廓推动，刀架带着车刀按一定规律做横向的移动，从而车削出具有曲线表面的手柄。

（3）动力头用凸轮机构（平底从动件圆柱凸轮机构）　如图 4-41c 所示，圆柱凸轮与动力头连接在一起，它们可以在机架上往复移动。滚子的轴固定在机架上，滚子放在圆柱凸轮的凹槽中。当凸轮转动时，由于滚子的轴是固定在机架上的，故凸轮一面转动，一面带动动力头在机架上做往复移动，以实现对工件的钻削。

（4）内燃机配气机构（平底从动件盘状凸轮机构）　如图 4-41d 所示，凸轮是主动件，机架不动。当凸轮做连续等速回

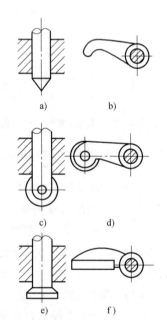

图 4-40　不同的从动件形状

a）、b）尖顶从动件

c）、d）滚子从动件

e）、f）平底从动件

转时，迫使从动件按一定的运动规律有节奏地启闭气门。

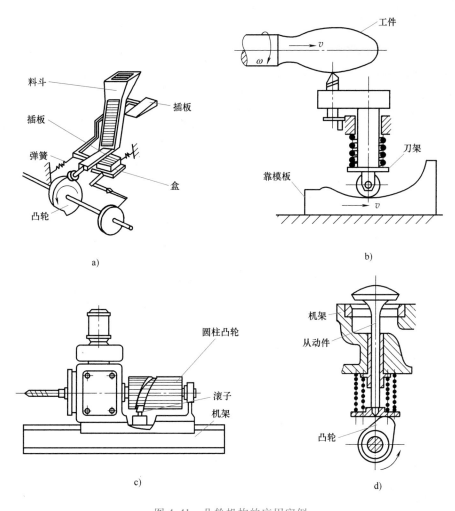

图 4-41　凸轮机构的应用实例

a）火柴自动装盒机构　b）靠模车削机构　c）动力头用凸轮机构　d）内燃机配气机构

单元巩固与提高

项 目 三

一、填空题

1. 一张完整的装配图应包括_____、_____、_____和_____等基本内容。

2. 齿轮传动按两齿轮轴线的位置不同分为_____、_____、_____三种类型，圆柱齿轮传动又分为_____、_____和_____。

3. 齿轮制造和安装_____高，且不宜用于_____两轴之间的传动。

4. 直齿圆柱齿轮的主要参数有_____、_____、_____、_____。

5. 渐开线齿轮的啮合特性是指_____、_____。

6. 齿轮模数 m 越小，轮齿也越____，齿轮承受载荷的能力也越____。

7. 渐开线齿轮的正确啮合条件是_____、_____。

8. 齿轮失效形式主要有_____、_____、_____，齿面点蚀一般发生在_____（开式、闭式）传动中。

9. 斜齿轮基本参数规定以_____为标准值，直齿锥齿轮基本参数规定以_____为标准值。

10. 一对齿轮传动，主动轮齿数 $z_1 = 32$，从动轮齿数 $z_2 = 80$，则传动比 $i =$ _____。

11. 带传动由_____轮、_____轮、_____和机架组成。

12. 带传动按带截面形状的不同可分为_____、_____、_____等类型。

13. 带轮的结构通常由_____、_____和_____三部分组成。其中_____是带轮安装传动带的外缘环部分。_____孔壁上通常有键槽。

14. 普通 V 带由_____、_____、_____、_____四部分组成，普通 V 带按截面尺寸由大到小分别为____、____、____、____、____、____、____七种。

15. 带的弹性变形的_____所引起的微小、局部滑动现象称为_____滑动。

16. 包角越大，传动带对带轮包围弧_____，摩擦力也就_____，因而对带传动的承载有利，一般规定小带轮包角_____。小带轮的直径越小，弯曲应力_____，对带的寿命影响越大，所以要加以限制。

17. 带的弹性滑动造成带传动不能保证_____，且传动效率_____。

18. 链传动由_____链轮、_____链轮及绕在链轮上的_____组成。

19. 套筒滚子链由_____、_____、_____、_____、_____等几部分组成。

20. 链条上相邻_____的距离 p 称为齿距，它是链条的主要参数。齿距越大，链条所能传递的功率也_____。

21. 自行车中的链传动为_____（类型）链传动，其链节数为_____（奇数、偶数），连接头形式为_____。

二、判断题

1. 齿轮传动结构紧凑，工作可靠，使用寿命长，但传动效率低。　　　　（　　）
2. 在直齿圆柱齿轮中，m、α、h_a^*、c^* 均为标准值的齿轮称为标准齿轮。　（　　）
3. 标准直齿圆柱齿轮的五个基本参数是：m、α、d、z、h。　　　　（　　）
4. 斜齿圆柱齿轮分度圆直径 $d = m_n z$。　　　　　　　　　　　　　（　　）
5. 齿轮模数 m 表示齿轮齿形的大小，它是没有单位的。　　　　　　（　　）
6. 齿轮的齿面磨损是开式齿轮传动的主要失效形式。　　　　　　　　（　　）
7. 齿面点蚀多发生在润滑良好的封闭齿轮传动中。　　　　　　　　　（　　）
8. 摩擦带传动是通过带与带轮之间产生的摩擦力来传递运动和功率的。（　　）
9. 带传动能够缓和冲击、吸收振动、传动平稳、无噪声。　　　　　　（　　）
10. 带传动传动比准确，具有保护作用，但传动效率较低。　　　　　　（　　）
11. V 带的工作表面是两侧面。　　　　　　　　　　　　　　　　　　（　　）
12. 没有初拉力的带就不能传递功率。　　　　　　　　　　　　　　　（　　）
13. 带在工作一段时间后，带会产生伸长变形，从而降低了初拉力。　　（　　）
14. 链的节距越大，承载能力越高，但冲击、噪声也越大。　　　　　　（　　）
15. 链传动不能在恶劣环境下工作。　　　　　　　　　　　　　　　　（　　）

三、选择题

1. 看装配图的第一步是先看（　　　）。
A. 尺寸标注　　　　B. 表达方法　　　　C. 标题栏　　　　D. 技术要求

2. 目前最常用的齿廓曲线是____。
A. 摆线　　　　B. 变态摆线　　　　C. 渐开线　　　　D. 圆弧线

3. 直齿圆柱齿轮中，具有标准模数和压力角的圆是（　　　）
A. 基圆　　　　B. 齿根圆　　　　C. 齿顶圆　　　　D. 分度圆

4. 能够实现两轴转向相同的齿轮机构是____。
A. 外啮合圆柱齿轮机构　　　　　　　　B. 内啮合圆柱齿轮机构

　　C. 锥齿轮机构　　　　　　　　　　　　D. 蜗轮机构

　　5. 锥齿轮机构中应用最多的是____轴交角的传动。

　　A. 45°　　　　　　B. 60°　　　　　　C. 75°　　　　　　D. 90°

　　6. 某机床的带传动中有四根 V 带，工作较长时间后，有一根产生疲劳撕裂而不能继续使用，则应____。

　　A. 更换已撕裂的一根　　　　　　　　B. 更换 2 根

　　C. 更换 3 根　　　　　　　　　　　　D. 全部更换

　　7. V 带的工作面是____。

　　A. 一侧面　　　　　　B. 两侧面　　　　　　C. 底面　　　　　　D. 顶面

　　8. 带与带轮接触弧所对的圆心角为____。

　　A. 楔角　　　　　　　B. 圆角　　　　　　C. 包角　　　　　　D. 接触角

　　9. 对于 V 带传动，小带轮的包角一般要求≥____。

　　A. 60°　　　　　　　B. 90°　　　　　　C. 120°　　　　　　D. 150°

　　10. 普通 V 带的线速度应验算并限制在____范围内。

　　A. $15\text{m/s} \leqslant v \leqslant 35\text{m/s}$　　　　　　　　B. $5\text{m/s} \leqslant v \leqslant 25\text{m/s}$

　　C. $10\text{m/s} \leqslant v \leqslant 20\text{m/s}$　　　　　　　　D. $v \geqslant 25\text{m/s}$

　　11. 在下图中，V 带在带轮轮槽中的正确位置是（　　　　）。

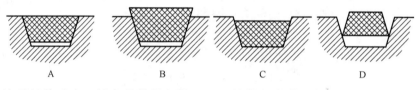

　　12. 在滚子链传动中，链条节数最好取____，链轮的齿数最好取____。

　　A. 整数　　　　　　　B. 奇数　　　　　　C. 偶数

四、综合题

　　1. 装配图的目的是什么？在生产中起什么作用？

　　2. 装配图有哪些特殊表达方法？

　　3. 装配图中的尺寸分哪几种？

　　4. 编注装配图中的零、部件序号，应遵守哪些规定？

　　5. 读装配图的步骤是什么？

　　6. 图 4-42 所示为滑动轴承装配图。回答问题：

　　（1）该装配体共由几个零件组成？左视图采用了什么画法和什么剖切？

　　（2）图中哪些尺寸为性能规格尺寸？哪些尺寸是配合尺寸？哪些是安装尺寸？哪些是外形尺寸？

　　7. 简述双级圆柱齿轮减速器拆卸齿轮时的步骤和注意事项。

　　8. 你所知道的确定齿轮模数的方法有哪些？简述其完成过程。

　　9. 简述齿轮减速器装配时应注意的问题。

　　10. 减速器中哪里需要密封？密封的方式有哪些？

　　11. 简述 V 带的拆卸方法。

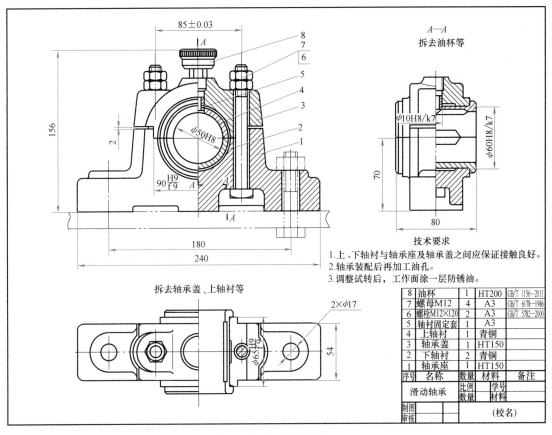

图 4-42　滑动轴装配图

12. 简述 V 带的安装方法及张紧方法。

项 目 四

一、填空题

1. 蜗杆减速器中蜗杆为_____类型，旋向为_____，材料为_____，与之配对的蜗轮旋向为_____，材料为_____。

2. 蜗杆减速器（双级圆柱齿轮减速器）中的主要轴系零件有_____。

3. 蜗杆传动中，通常_____是主动件，_____是从动件。

4. 配合的种类有：_____、_____和_____。

5. ϕ90H7/f9 表示_____。

6. 直齿圆柱齿轮的参数有：_____、_____、_____、_____、_____。

7. 渐开线齿轮的正确啮合条件是：_____、_____。

8. 渐开线齿轮的啮合特性是指_____、_____。

9. 联轴器是联接_____，在传递_____过程中一同回转而不脱开的一种机械装置。

10. 铰链四杆机构有_____机构、_____机构和_____机构三种基本类型。

二、选择题

1. 看装配图的第一步是先看 （   ）。

A. 尺寸标注　　　　B. 表达方法　　　　C. 标题栏　　　　D. 技术要求

2. 孔的上极限尺寸与轴的下极限尺寸之代数差为负值称为 （   ）。

A. 过盈值　　　　B. 最小过盈　　　　C. 最大过盈　　　　D. 最大间隙

3. 孔的下极限尺寸与轴的上极限尺寸之代数差为负值称为 （   ）。

A. 过盈值　　　　B. 最小过盈　　　　C. 最大过盈　　　　D. 最小间隙

4. 过盈连接是依靠孔、轴配合后的 （   ） 来达到坚固连接的。

A. 摩擦力　　　　B. 压力　　　　C. 拉力　　　　D. 过盈值

5. 蜗杆传动机构的装配顺序，应根据具体情况而定，应 （   ）。

A. 先装蜗杆，后装蜗轮　　　　　　　B. 先装蜗轮，后装蜗杆

C. 先装轴承，后装蜗杆　　　　　　　D. 先装蜗杆，后装轴承

6. （   ） 联轴器的装配，在一般情况下应严格保证两轴的同轴度。

A. 滑块式　　　　B. 凸缘式　　　　C. 万向节　　　　D. 十字沟槽式

7. 加工准备下列配合中，公差等级选择不适当的是 （   ）。

A. H7/g6　　　　B. H9/g9　　　　C. H7/f8　　　　D. M8/h8

8. 在基孔制配合中，基准孔的公差带确定后，配合的最小间隙或最小过盈由轴的（   ）确定。

A. 基本偏差　　　　B. 公差等级　　　　C. 公差数值　　　　D. 实际偏差

9. 直齿圆柱齿轮中，具有标准模数和压力角的圆是 （   ）。

A. 基圆　　　　B. 齿根圆　　　　C. 齿顶圆　　　　D. 分度圆

10. 蜗杆传动的特点是 （   ）。

A. 传动平稳、效率高　　　　　　　　B. 传动比大、结构紧凑

C. 承载能力小　　　　　　　　　　　D. 任何情况下都不能自锁

三、综合分析题

1. 一张完整的装配图应包括哪几个方面的内容？

2. 读装配图的要求是什么？

3. 从蜗杆减速器的装配图上，你还能看出哪些结构形状及尺寸要求？（小组讨论）

4. 图 4-43 所示蜗杆传动，图中蜗杆为_____旋向，蜗轮旋向应为_____，蜗轮转向为_____（在图中标出）。

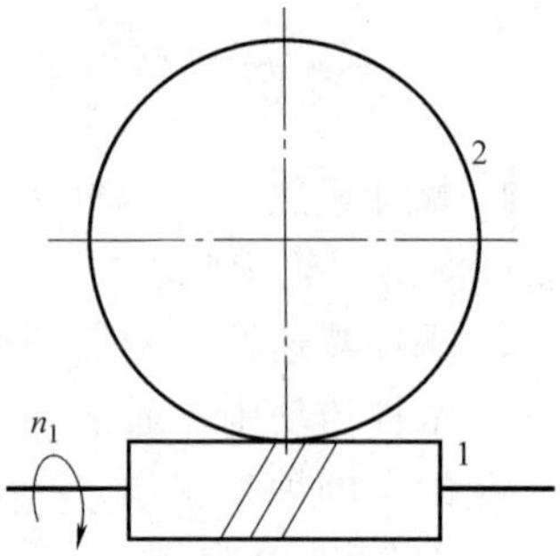

图 4-43　蜗杆传动

单元小结（图4-44）

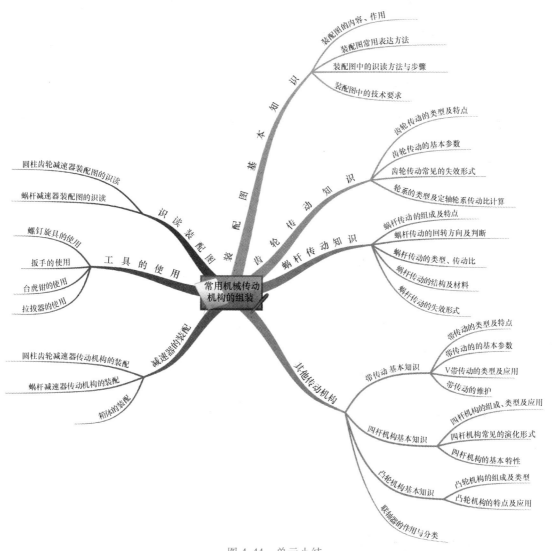

图4-44　单元小结

单元三

简单机械零件的钳工制作

钳工是使用钳工工具或设备，按技术要求对工件进行加工、修整、装配的工种。现代社会各种机床的发展和普及，虽然逐步使大部分钳工作业实现了机械化和自动化，但在零件加工、机械装配和修理作业中钳工仍是广泛应用的基本技术。本单元主要通过钳工制作连接拉板和普通平键，掌握钳工工具、量具与设备的使用方法，掌握划线、锯销、錾销、钻孔、锉削等钳工基本知识，培养划线、锯销、錾销、钻孔、锉削等钳工基本技能，了解机械工程材料的基本知识。

1. 了解常用划线工具的种类和使用方法。
2. 掌握平面划线和简单立体划线的方法。
3. 掌握手锯的握法和锯削操作的姿势。
4. 了解錾削工具的种类、名称和用途。
5. 掌握錾削操作要领（工具的握法、站立姿势、挥击方法）。
6. 了解锉刀的种类和用途。
7. 掌握锉削操作的要领。
8. 掌握台钻的结构和安全操作注意事项。
9. 了解钻头的构造、种类和用途。
10. 掌握钳工基本量具的使用方法。

1. 能根据零件图制订加工工序。

2. 能独立规范地完成划线、锯削、錾削、锉削、钻孔等基本操作。

3. 能正确使用量具，准确测量零件的尺寸。

1. 培养"5S"规范。

2. 培养吃苦耐劳的精神，养成安全操作、文明生产的职业习惯。

项目五

制作连接拉板

【项目描述】

在机械制造中，经常会遇到两个构件之间需要通过拉板连接的情况。本项目的主要工作是编制连接拉板的加工工艺卡，使用钳工工具完成连接拉板的加工，并使用量具完成加工质量的检测。

$$制作连接拉板\begin{cases}任务一 & 编制连接拉板加工工艺卡 \\ 任务二 & 连接拉板的加工与检测\end{cases}$$

任务一　编制连接拉板加工工艺卡

【任务描述】

本任务是编制连接拉板加工工艺卡，工艺卡规定了零件在这一阶段的各道工序，以及使用的设备、工装和加工规范。通过编制工艺卡，确定连接拉板所需材料、拉板制作的各个工序、设备，初步了解钳工常用工具及安全文明生产知识。

【任务分析】

在编制工艺卡之前，需要先了解钳工工作、设备与工具，然后识读连接拉板零件图，确定零件的形状、尺寸及技术要求，从而确定加工工序，结合 JB/T 9165.2—1998《工艺规程格式》，编写加工工艺卡。

【相关知识】

一、钳工的主要工作和常用设备与工具

钳工的主要工作包括：划线、錾削、锯削、锉削、钻孔、铰孔、攻螺纹、套扣、刮削、研磨、装配等。

钳工常用的设备与工具有：钳工工作台，又称钳台（见图 5-1），台虎钳（见图 5-2 和图 5-3），台式钻床等。

（1）台虎钳　台虎钳是夹持工件的通用夹具，钳口经过淬火，并制有交叉斜纹，其规

格用钳口宽度来表示，如 100mm、125mm、150mm 等。

图 5-1　钳台及工具的摆放

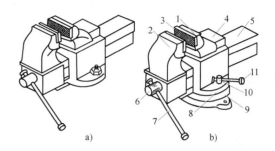

a)　　　　　　　b)

图 5-2　台虎钳

1—固定钳身　2—活动钳身　3—钳口铁　4—砧座　5—导轨
6—丝杠　7—手柄　8—转盘　9—底座　10—松紧螺钉　11—松紧小手柄

台虎钳的使用要求：

1）夹紧工件时要松紧适当，只能用手扳紧手柄，不得借助其他工具加力。

2）强力作业时，应尽量使力朝向固定钳身。

3）不许在活动钳身和光滑平面上进行敲击作业。

4）对丝杠、螺母等活动表面应经常清洗、润滑，以防生锈。

5）钳台装上台虎钳后，钳口高度应以恰好对齐人的手肘为宜。

图 5-3　台虎钳实物

6）台虎钳用毕，应将工件卸下，清扫干净，钳口保留 1～3mm 间隙，手柄竖直向下，钳口平行于钳台边缘。

（2）台式钻床　台式钻床简称台钻，如图 5-4 所示，它是钳工常用的钻孔设备，结构简单，操作方便，一般用来加工直径为 1～12mm 的孔。主要组成部分有：升降摇把、定位杆、头架、调整螺母、主轴、进给手柄、锁紧手柄、底座、立柱座、立柱、螺钉、电动机、电源开关。加工 12mm 以上直径的孔时，须使用立式钻床或摇臂钻床。

1）台钻工作前的安全防护准备：

① 按规定加注润滑脂。检查手柄的位置，进行保护性运转。

② 检查服装、鞋帽是否穿戴正确，扎紧袖口。

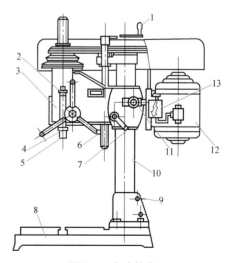

图 5-4　台式钻床

1—升降摇把　2—定位杆　3—头架　4—调整螺钉
5—主轴　6—进给手柄　7—锁紧手柄　8—底座
9—立柱座　10—立柱　11—螺钉　12—电动机
13—电源开关

③ 严禁戴手套操作，以免被钻床旋转部分绞住，造成事故。

2）安装钻头前，需仔细检查钻套，钻套标准化锥面部分不能碰伤凸起，如有，应用磨石修好、擦净，才可使用。拆卸时必须使用标准楔铁。装卸钻头要用夹头扳手，不得用敲击的方法装卸钻头。

3）钻孔时不可用手直接拉切屑，也不能用纱头或嘴吹清除切屑，头部不能与钻床旋转部分靠得太近，机床未停稳，不得转动变速盘变速，禁用手把握未停稳的钻头或钻夹头。操作时只允许一人。

4）钻孔时工件装夹应稳固，特别是在钻薄板零件、小工件、扩孔或钻大孔时，装夹更要牢固，严禁用手把持进行加工。孔即将钻穿时，要减小压力与进给速度。

5）钻孔时严禁在开车状态下装卸工件，利用机用平口钳夹持工件钻孔时，要扶稳平口钳，防止其掉落砸脚，钻小孔时，压力相应要小，以防钻头折断飞出伤人。

6）清除铁屑要用毛刷等工具，不得用手直接清理。工作结束后，要对机床进行日常保养，切断电源，搞好场地卫生。

二、安全文明生产

执行安全操作规程、遵守劳动纪律、严格按工艺要求操作是保证产品质量的重要前提。安全保证生产，生产必须安全。安全文明生产的一般要求是：

1）工作前按要求穿戴好防护用品。

2）不准擅自使用不熟悉的机床、工具和量具。

3）右手取用的工具放在右边，左手取用的工具放在左边，严禁乱堆乱放。

4）毛坯、半成品应按规定摆放整齐，并随时清除油污、异物等。

5）清除切屑要用刷子，不要直接用手清除或用嘴吹。

6）钳台上的杂物要及时清理，工具、量具和刃具分开放置，不得混放，以免造成损坏。

7）摆放工具时，不能让工具伸出钳台边缘，以免碰落而砸伤脚。

8）钳台必须安装牢固，不允许被用作铁砧。

【任务实施】

一、工作准备（表 5-1）

表 5-1　工作准备

序号	名　称	数量	图　示
1	钳工工作台	1 张/组	

（续）

序号	名 称	数量	图 示
2	台虎钳	1台/组	
3	台钻	1台/组	
4	连接拉板零件图	1张/组	图 5-5
5	空白工艺卡	1张/组	（见下方工艺卡表格）

机械加工工艺过程卡片		产品型号		零件(部)图号					
材料牌号	45	毛坯种类	板材	产品名称	连接拉板	零(部)件名称			
毛坯外形尺寸						共( )页	第( )页		
每个毛坯可制件数	1	每台件数				备注			

	工序号	工序名称	工序内容	车间	工段	设备	工艺设备	工时
								计划 / 实际 / 备注
	1							
	2							
	3							
描图								
描校								

二、实施步骤

1. 工作任务布置

按图 5-5 完成工序卡的编制。

2. 工作任务信息采集（表 5-2）

表 5-2 工作任务信息采集

序号	资讯信息	信息描述或分析
1	图样形状或功能性描述	图样为连接拉板,所用材料为45钢,属于优质非合金钢。图样为长方体(100 ± 0.1)mm×(60 ± 0.1)×3mm。图样上左边是两个水平长孔,长孔相关尺寸为 $4\times R4$mm、(15 ± 0.2)mm、(25 ± 0.2)mm。图样上中间是两个圆孔的直径为$\phi8$。图样上右边是一个竖直长孔,长孔相关尺寸 $2\times R6$mm、(25 ± 0.2)mm

（续）

序号	资讯信息	信息描述或分析
2	尺寸、几何公差要求及分析	图样的主要极限尺寸要求是长度尺寸（100±0.1）mm、宽度尺寸（60±0.1）mm 以及孔的相关尺寸（15±0.2）mm、（25±0.2）mm。几何公差要求是拉板各边的平行度、垂直度要求，误差均不大于 0.1mm，精度要求一般。除了孔自身的尺寸外，图样上还标注了 20mm、30mm、45mm 等孔的定位尺寸
3	表面粗糙度要求及分析	图样各表面的表面粗糙度要求均为 $Ra6.3\mu m$，精度要求一般

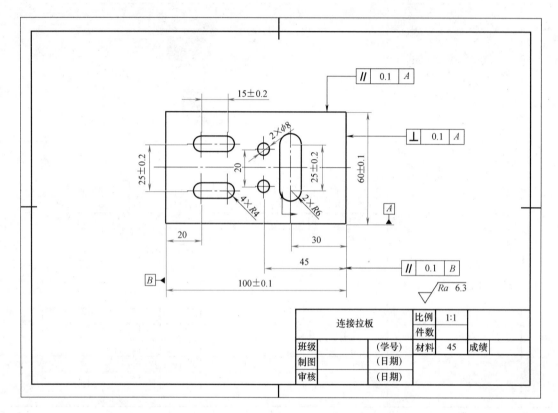

图 5-5　连接拉板零件图

3. 工作任务计划

（1）加工检测基准的确定　依据图样确定加工检测基准为底边和左侧边。

（2）加工方法的确定　依据各加工面的尺寸精度和表面粗糙度的要求，加工方法确定如下：圆孔采用钻孔；长孔采用钻排孔、锉削；四边采用粗、精锉，即可保证图样中的尺寸和表面质量要求。

（3）加工路线的拟定　按基准先行的原则，零件加工前应对加工检测基准进行精加工；按先面后孔的原则，应先平面锉削后对各孔加工；按照先粗后精的原则，应先粗锉后精锉。

注意：各孔的位置尺寸要严格控制，才能保证今后的装配要求。

4. 编制连接拉板加工工艺卡

连接拉板加工工艺卡见表 5-3。

表 5-3 连接拉板加工工艺卡（摘自 JB/T 9165.2—1998）

机械加工工艺过程卡片				产品型号			零(部)件图号				
材料牌号	45	毛坯种类	板材	产品名称			零(部)件名称		连接拉板		
毛坯外形尺寸		(101±0.5)mm×(61±0.5)mm×3mm					共(1)页		第(1)页		
每个毛坯可制件数	1		每台件数				备注				
工序号	工序名称	工序内容		车间	工段	设备	工艺设备		工时		
									计划	实际	备注
1	毛坯检测	1. 检测毛坯尺寸与平面度 2. 选取加工基准 A、B 面 3. 锉削加工 A、B 面		钳工车间							
2	平面划线	分别以 A、B 面为基准划线，划出各孔轮廓线。各孔打样冲眼		同上							
3	锉削	锉削 A、B 两面的平行面		同上							
4	钻孔	1. 扩大样冲眼 2. 钻孔		同上							
5	锉长孔	1. 锉通排孔 2. 锉长孔侧面									
6	修整	修整各面									
描图											
描校											
图号											
装订号											
								设计	审核	标准化	会签
标记	处数	更改文件号	签字	日期	标记	处数	更改文件号				

任务二　连接拉板的加工与检测

【任务描述】

本任务是钳工制作连接拉板。通过连接拉板的制作，掌握平面划线、锉削、钻孔等钳工基本技能，掌握钳工工具、量具的使用，培养安全生产意识。

【任务分析】

在已经完成拉板零件图的识读和编制工艺卡的基础上，需要选择拉板加工所需的工具、量具、刀具，结合工艺卡，制订具体的实施步骤，实施过程中强调钳工各工作的操作要领，学习钳工基本知识，完成拉板的制作。

【相关知识】

一、划线

1. 划线的概念

根据图样的要求，在毛坯或工件上利用划线工具划出加工界线的操作，称为划线。

在工件的一个表面划线即能明确表示出加工界线的，称为平面划线，如在板料、条料上划线。

划线的作用：

1）确定工件的加工余量，使加工有明确的尺寸界线。

2）便于复杂工件在机床上的安装，可以按划线找正定位。

3）能够及时发现和处理不合格毛坯，避免加工后造成损失。

4）采用借料划线可以使误差不大的毛坯得到补救，加工后的零件仍能符合要求。

2. 常用划线工具的基本操作

划线工具按用途一般分为：基准工具，如划线平板、方箱、V形铁、直角尺等；量具，如钢直尺、量高尺、游标卡尺、游标万能角度尺等；划线工具，如划针、划规、样冲、钢直尺、划针盘、锤子、游标高度尺等。

（1）钢直尺　钢直尺既是量具，又是划直线的导引工具。

（2）划针　一般用直径为 3～4mm 的弹簧钢丝制成，一端磨成 20° 的锥尖。

划线时，针尖要靠紧导向工具的边缘，上部向外侧倾斜 15°～20°，向划线方向倾斜 45°～75°，如图 5-6 所示。

划线要一次划成，使划出的线条清晰准确。

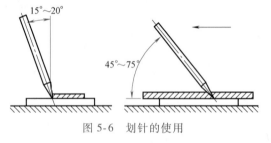

图 5-6　划针的使用

（3）划规　划规两脚的长度要磨得稍不相等，作为旋转中心的划规脚应加以较大的压力，防止中心滑动；另一脚以较轻的压力在工件表面划出圆或圆弧。在钢直尺上量取尺寸时，为减小误差，应重复量取几次。划规的使用如图 5-7 所示。

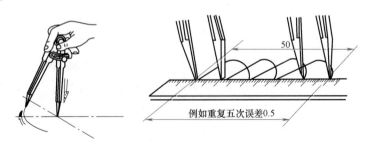

图 5-7　划规的使用

（4）样冲　样冲用工具钢制成，尖端淬火硬化。样冲的使用如图 5-8 所示。为了防止线条被擦掉，在线条上打出小而均匀的冲眼标记（角度为 45°～60°），钻孔时在孔中心打样冲眼，便于对准钻头（角度为 60°~90°）。

冲点方法：样冲外倾，使尖端对准线的正中，然后立直冲点。位置要准确，冲点不可偏离线条。

打样冲眼的原则：直线稀、曲线密。

曲线冲点距离要小些，直径小于 20mm 的圆周线至少应有四个冲点；直径大于 20mm 的圆周线至少应有八个冲点。

在长直线上的冲点距离可大些，但短直线至少有三个冲点。

线条转折点处必须冲点。

（5）划线平板　划线平板由铸铁制成，表面经过精刨或刮削，是划线时的基准面。

工件和工具在划线平板上要轻拿轻放。

工作表面不能划伤、敲击，应经常保持清洁，使用后擦干净。

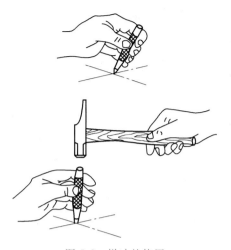

图 5-8　样冲的使用

（6）划针盘　划针盘是常用的划线和校正工件的工具，由划针、底座、立柱、夹紧装置等组成，如图 5-9 所示。

划针伸出要短，并处于水平位置；手握底座划线，夹紧划针要牢固。

划针与工件表面沿划线方向成 40°~60°角，划长线应采用分段连接划线，以防止出现误差。

（7）Ｖ形铁　用来支承轴类工件，由铸铁制成，开有 V 形槽。

（8）游标高度尺　游标高度尺是精密划线工具，不得用于粗糙毛坯的划线，读数方法与游标卡尺相同，使用方法与划针盘相同，用完应擦净，放回专用盒内。

（9）方箱　方箱是由铸铁制成的四方体，各外表面经过精密加工，相对面互相平行，相邻面互相垂直，上面设有 V 形槽和夹紧装置。

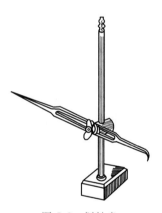

图 5-9　划针盘

划线时，可用夹紧装置将工件夹于方箱上，再通过翻转方箱，便可在一次安装情况下，将工件上互相垂直的线全部划出来。

3. 划线基准的确定

在划线时，选择和确定一个或几个面，一条或几条线作为基准，其他的线都要以此线或面开始，这样的线和面就是划线基准。

选择划线基准应仔细分析图样，尽量与零件的设计基准保持一致。一般有三种情况：①以两个相互垂直的面（或线）为基准；②以两条中心线为基准；③以一个面和一条中心线为基准。

划线时，在零件每一个方向上都要选择一个基准，因此，平面划线时一般要选择两个基准，立体划线时一般要选择三个基准。

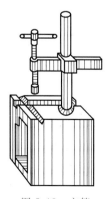

图 5-10　方箱

4. 划线的步骤

1）分析图样，了解工件的加工部位和要求，确定划线基准。

2）清理工件，为使线条更清晰，可对划线部位进行涂色。常用的涂料为酒精色溶液，适用于已加工表面。

3）正确安放工件和选用划线工具。

4）按照图样要求划线。

5）检查划线的准确性及是否有漏划的线条。

6）在线条上打样冲眼。

5. 安全文明生产

1）划线场地应明亮、整洁。

2）工作时，操作姿势正确。

3）打样冲眼时，不可用力过大，以免产生过大凹痕。

4）划针不用时，不能放在衣袋中。

5）划针盘不用时，应使划针处于直立状态，扁尾在上方。

6）划针、划规、划针盘和游标高度尺等划线工具应妥善保管、正确摆放，避免划线部位损伤。

7）工件在划线平板上应轻拿轻放，并尽可能减少摩擦，以免损伤工件及划线平板，造成平板精度的降低。

8）划线工具和设备使用完后，应及时进行清理，擦拭干净，并涂上机油防锈。

二、锉削

1. 锉削的概念和工具

（1）锉削的概念　用锉刀对工件进行切削加工，使工件达到要求尺寸、形状和表面粗糙度的方法称为锉削。锉削可用于加工工件的外表面、曲面、内外圆角、沟槽、孔和各种复杂表面，也可以在錾削和锯削之后锉去一定的加工余量，使工件达到图样要求，还可以在装配中修整零件，特别是它适于完成机械加工所不能完成或没有必要采用机械加工的局部加工。锉削是一种比较精细的加工方法，是钳工必须熟练掌握的操作技能。

（2）锉刀　锉刀是一种切削刀具，由锉身和锉柄组成。锉身上制有锉齿，用于切削；齿纹多制成双纹，这样锉削时省力，且不易堵塞锉面。锉刀结构如图 5-11 所示。

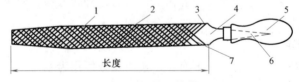

图 5-11　锉刀结构

1—锉刀面　2—锉刀边　3—底齿　4—锉刀尾　5—木柄　6—锉刀舌　7—面齿

锉刀由优质碳素工具钢 T12、T13 或 T12A、T13A 制成，经热处理后切削部分硬度为 62~72HRC。

钳工常用的锉刀按用途不同，可分为钳工锉、异形锉和整形锉。钳工锉按其断面形状又可分为平锉（扁锉）、方锉、三角锉、半圆锉和圆锉。

异形锉有刀口锉、菱形锉、扁三角锉、椭圆锉、圆肚锉等。异形锉主要用于锉削工件上特殊的表面。

整形锉又称为什锦锉，主要用于修整工件细小部分的表面。

锉刀的尺寸规格：圆锉以其断面直径表示，方锉以其边长为尺寸规格，其他锉刀以锉刀的锉身长度表示。常用的有 100mm、150mm、200mm、250mm、300mm、350mm、400mm 等多种。

锉齿粗细规格是以锉刀每 10mm 轴向长度内锉纹的条数来确定的，分为五种：1 号（粗齿锉刀）、2 号（中齿锉刀）、3 号（细齿锉刀）、4 号（双细齿锉刀）、5 号（油光锉）。

锉刀应根据工件表面形状、尺寸大小、材料的性质、加工余量的大小，以及加工精度和表面粗糙度的要求来选用。锉刀断面形状应与工件被加工表面形状相适应。锉纹粗细的选择参阅表 5-4。

表 5-4　锉纹粗细的选择

锉刀粗细	适用场合		
	加工余量/mm	尺寸公差/mm	表面粗糙度 $Ra/\mu m$
1 号（粗齿锉刀）	0.5 ~ 1	0.2 ~ 0.5	100 ~ 50
2 号（中齿锉刀）	0.2 ~ 0.5	0.05 ~ 0.2	25 ~ 6.3
3 号（细齿锉刀）	0.1 ~ 0.3	0.02 ~ 0.05	12.5 ~ 3.2
4 号（双细齿锉刀）	0.1 ~ 0.2	0.01 ~ 0.02	6.3 ~ 1.6
5 号（油光锉）	<0.1	0.01	1.6 ~ 0.8

（3）锉刀的保养

1）新锉刀要先使用一面，待用钝后再使用另一面。

2）在粗锉时，应充分使用锉刀的有效全长，既可提高锉削效率，又可避免锉齿局部的磨损。

3）锉刀上不可沾油与沾水。

4）锉屑嵌入锉刀齿纹内，必须及时用钢丝刷或薄铁片剔除。

5）不可锉毛坯件的硬皮及淬硬的工件。

6）铸件表面如有硬皮，应先用砂轮磨去或用旧锉刀和锉刀的有齿侧边锉去，然后再进行正常的锉削加工。

7）锉刀使用完毕后必须刷干净，以免生锈。

8）锉刀应单独平放，不可与其他工具或工件堆放在一起，也不可互相重叠堆放，以免损坏锉齿。

2. 锉削基本操作

（1）锉刀柄的装卸　锉刀必须装木柄，以便握锉和用力（整形锉除外）。柄的木料要坚韧，并用铁箍套在柄的孔端上，以防劈裂。锉刀柄安装孔的深度约等于锉刀舌的长度，孔径的大小相当于锉刀舌能自由插入孔的 1/2。用左手扶柄，右手将锉刀舌插入锉刀柄孔内，轻轻镦紧，放开左手，再用右手将锉刀垂直地镦紧，镦入长度约等于锉刀舌的 3/4 即可。

拆卸锉刀柄可在台虎钳上或钳台上进行。在台虎钳上拆卸锉刀柄时，将锉刀柄孔端搁在台虎钳钳口中间，用力向下拉锉刀；在钳台上拆卸锉刀柄时，把锉刀柄孔端向台边略用力撞击，利用惯性作用便可脱开锉刀。

（2）锉刀的握法 扁锉大于250mm的握法：右手紧握锉刀柄，柄端顶住掌心，大拇指放在柄的上部，其余四指满握手柄；左手大拇指根部压在锉刀头上，中指和无名指捏住前端，食指、小指自然收拢，以协同右手使锉刀保持平衡，如图5-12所示。

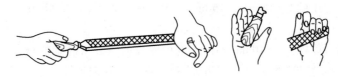

图5-12 较大锉刀的握法

较小的锉刀右手的握法不变，左手用拇指和食指捏住锉刀前端即可，也可用左手几个手指压在锉刀的中部。

（3）锉削的姿势、动作 锉削时，站立的位置与锯削相同。锉削时站立要自然，身体重心要落在左脚上；右膝伸直，左膝部呈弯曲状态，并随锉刀的往复运动而屈伸。

锉削的姿势、动作如图5-13所示。

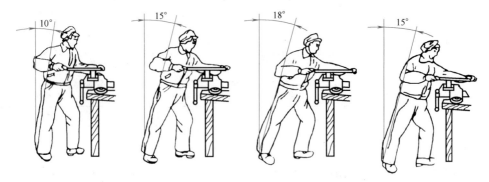

图5-13 锉削的姿势、动作

1）开始时，身体向前倾斜10°左右，右肘尽量向后收缩。

2）锉刀长度推进1/3行程时，身体前倾15°左右，左膝稍有弯曲。

3）锉至2/3时，身体前倾至18°左右。

4）锉最后1/3行程时，右肘继续推进锉刀，但身体则须自然地退回至15°左右。

5）行程结束，手和身体恢复到原来姿势，同时将锉刀略微提起或不加压力退回。完成一次锉削动作。

（4）锉削力和锉削速度

1）锉削力。要锉出平直的平面，必须使锉刀保持平直的锉削运动。为此，锉削时应以工件作为支点，掌握两端力的平衡，即右手的压力要随锉刀推动而逐渐增加，左手的压力要随锉刀推动而逐渐减小。回程时不加压力，以减少锉齿的磨损。

2）速度。锉削速度一般约40次/min，推出时稍慢，回程时稍快，动作要自然协调。

3. 平面锉削方法

（1）顺向锉法 顺着同一方向对工件进行锉削的方法称为顺向锉法，如图5-14所示。顺向锉是最普通的锉削方法。锉刀运动方向与工件夹持方向始终一致，面积不大的平面和最后锉光大都采用这种方法。顺向锉法可得到整齐一致的锉痕，比较美观，精锉时常常采用此法。

（2）交叉锉法　交叉锉法是从两个交叉的方向对工件表面进行锉削的方法，如图 5-15 所示。锉刀与工件接触面积大，锉刀容易掌握平稳。工件的锉削面上能显示出高低不平的痕迹，易于加工面的找平。交叉锉一般用于粗锉。

锉平面时，无论是顺向锉法还是交叉锉法，为了使整个加工面都能均匀地锉到，一般在每次抽回锉刀时，依次在横向上适当移动。

（3）推锉法　两手对称横握锉刀，用大拇指推动锉刀顺着工件长度方向进行锉削的方法称为推锉法，如图 5-16 所示。推锉法锉削效率低，适用于加工余量较小、修正尺寸及修整锉纹降低表面粗糙度值时采用，还可用于锉削狭长平面和内圆弧面的连接面。

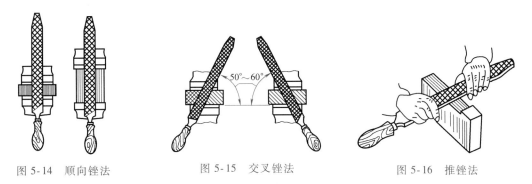

图 5-14　顺向锉法　　　　　　图 5-15　交叉锉法　　　　　　图 5-16　推锉法

4. 锉削质量的检查

（1）平面度的检查　通常利用刀口形直尺（或钢直尺）采用透光法来检验平面度，如图 5-17 所示。

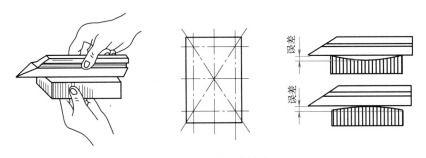

图 5-17　平面度检验

用刀口形直尺在加工面的纵向、横向和对角线方向上多处逐一进行检查，以透过光线的均匀度及强弱来判断加工面是否平直。平面度误差值可用塞尺来检查确定。移动刀口形直尺或钢直尺时，应把它提起，并轻轻地放在新的位置上，刀口形直尺或钢直尺不准在工件表面上来回拉动，以防损坏。

在检验平板上涂铅丹，然后使工件平面接触平板，轻微地研磨。如果平面着色均匀，说明平面是平直的；如果有的呈灰亮色（高处），有的没有着色（凹处），说明平面高低不平，高低的中间地方呈黑红色。这种检验方法称为研磨法。

（2）尺寸和平行度的检查　以锉平的基面为基准，用游标卡尺或千分尺在不同点测量两平面间厚度，根据读数确定该位置是否超差。侧量前，将量具擦净，测量面应紧靠工件，不可处于歪斜位置。读取数值要准确，避免读数误差。在工件不同的位置上必须多测量几处，使检查结果更准确。

（3）垂直度的检查 用直角尺检查工件垂直度前，应先用锉刀将工件的锐边去毛刺，将直角尺尺座测量面紧贴工件基准面，然后逐步轻轻向下移动，使直角尺尺苗的测量面与工件的被测表面接触，眼睛平视观察透光情况，以此来判断工件被测面与基准面是否垂直。检查时，直角尺不可斜放，在同一平面上改变不同的检查位置时，直角尺不可在工件表面上拖动，以免磨损角尺而影响直角尺的精度。

5. 安全文明生产

1）锉刀是右手握持的工具，应放在台虎钳的右面。

2）放置时锉刀柄不可露在钳台外面，以免掉落地上砸伤脚或损坏锉刀。

3）不得使用无柄锉刀（整形锉除外）或锉刀柄损坏的锉刀。

4）锉削时锉刀柄不能撞击到工件，以免锉刀柄脱落造成事故。

5）不能用嘴吹锉屑，也不能用手擦、摸锉削表面。

6）锉刀不可当作撬棒或锤子使用。

三、钻孔

1. 钻头

孔加工的方法主要有两类：一类是用麻花钻、中心钻在实体工件上加工出孔；另一类是对已有孔进行再加工，即用扩孔钻、锪孔钻和铰刀等进行扩孔、锪孔和铰孔等。

钻孔是用钻头在实体材料上加工孔的方法。钻孔时，钻头的旋转是主运动，钻头沿轴向移动是进给运动。

麻花钻是钻孔使用的标准刃具，一般用高速工具钢制成，经过热处理后硬度达到62~68HRC。它由柄部、颈部和工作部分构成，如图5-18所示。

（1）柄部 麻花钻有锥柄和直柄两种。一般钻头直径小于13mm的制成直柄，大于13mm的制成锥柄。柄部是麻花钻的夹持部分，用来定心和传递转矩。

（2）颈部 颈部在磨削麻花钻时作为退刀槽使用，钻头的规格、材料及商标常打印在颈部。

（3）工作部分 工作部分由切削部分和导向部分组成。切削部分主要起切削工件的作用。导向部

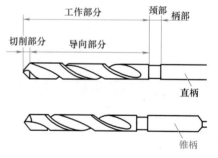

图 5-18　麻花钻钻头的构造

分的作用不仅是保证钻头钻孔时的正确方向、修光孔壁，同时还是切削部分的后备。导向部分的两条螺旋槽，其作用是构成切削刃，便于排屑和切削液畅通。

标准麻花钻切削部分由五刃（两条主切削刃、两条副切削刃和一条横刃）、六面（两个前刀面、两个主后刀面和两个副后刀面）和三尖（一个钻尖和两个刀尖）组成，如图5-19所示。

（4）钻头的切削角度（图5-20）

1）前角（γ_o） 前角是钻头前刀面和基面的夹角。麻花钻主切削刃上的前角大小是变化的，外缘处最大，可达30°；自外缘处向中心渐小，在钻心至$D/3$（D为钻头直径）范围

内为负值，横刃处为-60°~54°，接近横刃处前角为-30°。

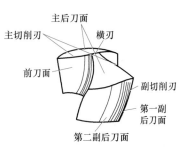

图 5-19 麻花钻的切削部分

2）后角（α_o）。后角是主后刀面和切削平面之间的夹角。后角是在柱截面（通过主切削刃上任一点作与钻头轴线平行的直线，该直线绕钻头轴线旋转所形成的圆柱面的切面，称为柱截面）上测量的。麻花钻主切削刃上的后角的大小也是变化的，外缘处最大，越靠近钻心后角越小。后角大，钻头锋利，过大易碎；后角小，钻头坚固，但不利于切削。一般后角为 6°~12°。

3）顶角（2φ）。顶角是指麻花钻头两主切削刃在其平行平面内投影的夹角。标准麻花钻的顶角为 118°±2°，此时两主切削刃呈直线。顶角大于 118°时，主切削刃呈凹形；顶角小于 118°时，主切削刃呈凸形。

4）横刃斜角（ψ）。横刃斜角是指在垂直于麻花钻轴线的端面投影中，横刃与主切削刃所夹的锐角。其大小主要由后角决定，后角大，横刃斜角小，横刃变长。标准麻花钻的横刃斜角为 50°~55°。

2. 麻花钻的刃磨（图 5-21）

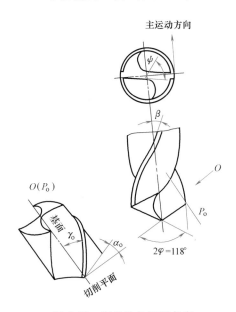

图 5-20 麻花钻的切削角度

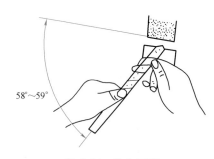

图 5-21 钻头刃磨

1）右手握住钻头的头部，左手握住柄部。

2）钻头与砂轮轴线的夹角为 58°~59°。

3）钻身向下倾斜 8°~15°的角度，使主切削刃略高于砂轮水平中心，先接触砂轮，右手缓慢地使钻头绕自身的轴线由下向上转动，刃磨压力逐渐加大，这样便于磨出后角，其下压速度及幅度随后角的大小而变化。刃磨时两手动作的配合要协调，两后刀面经常轮换，直到符合要求。

4）用样板检验钻头的几何角度及两主切削刃的对称性。刃磨的检查如图 5-22 所示。通过观察横刃斜角是否约为 55°来判断钻头后角。横刃斜角大，则后角小；横刃斜角小，则后角大。

5）钻头横刃的修磨如图 5-23 所示。对于直径在 $\phi6mm$ 以上的钻头必须修短横刃，要求把横刃磨短到原长的 1/5～1/3，并适当增大近横刃处的前角，使内刃斜角为 20°～30°，内刃处前角为 0°～15°。

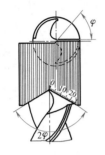

图 5-22　刃磨的检查

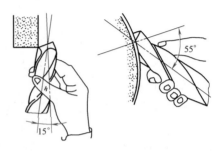

图 5-23　钻头横刃的修磨

3. 钻孔的方法

（1）钻孔时的工件划线　按钻孔位置尺寸要求，划出孔的中心线，并打上中心样冲眼，再按孔的大小划出孔的圆周线。对直径较大的孔，应划出几个大小不等的检查圆，以便钻孔时检查并校正钻孔的位置。

（2）在台钻上钻孔　一般使用平口台虎钳装夹工件，钻通孔时，工件底部应垫上垫铁，空出落钻部位。小型或薄板件可用手虎钳夹持，大型工件采用压板夹持，圆形工件采用 V 形块夹持。

（3）钻头的装卸　台式钻床采用图 5-24 所示的钻夹头来夹持直柄麻花钻。它在夹头的三个斜孔内装有带螺纹的夹爪，夹爪螺纹和装在夹头套筒的螺纹相啮合，旋转套筒使三个爪同时张开或合拢，将钻头夹住或卸下。

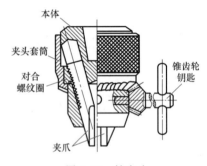

图 5-24　钻夹头

（4）钻床转速的选择　由以下公式求出钻床转速（r/min）：

$$n = \frac{1000v}{\pi d}$$

式中　d——钻头直径，单位为 mm；
v——切削速度，单位为 m/min。

用高速工具钢钻头钻铸铁件时，$v = 14～22m/min$；钻钢件时，$v = 16～24m/min$；钻青铜或黄铜时，$v = 30～60m/min$。工件材料硬度和强度较高时，取较小值；钻头直径小时，也取较小值；钻孔深度 $L>3d$ 时，还应将取值乘以 0.7～0.8 的修正系数。

（5）起钻　钻孔时，先使钻头对准划线中心，钻出浅坑，观察是否与划线圆同心，准确无误后，继续钻削完成。如钻出的浅坑与划线圆发生偏移，偏移较少的可在试钻同时用力将工件向偏移的反方向推移，逐步校正；如偏移较多，可在校正方向上打上几个样冲眼或用小錾子錾出几条小槽，以减少此处的钻削阻力，达到校正目的。如钻削孔距要求较高的孔时，两孔要边试钻边测量边校正，不可先钻好一个孔，再来校正第二个孔的位置。无论采用何种校正方法，都必须在锥坑圆的直径小于钻头直径前完成。

（6）钻孔 当起钻达到钻孔的位置要求后，可压紧工件完成钻孔。手动进给操作钻孔时，进给力不宜过大，防止钻头发生弯曲，使孔轴线歪斜。在钻小直径孔或深孔时，进给量要小，并经常退钻排屑，以防阻滞卡断钻头。钻孔时为使钻头散热冷却、减少摩擦、消除黏附在钻头和工作表面的积屑瘤，延长钻头寿命和改善加工孔表面的质量，应加注润滑冷却液，如乳化液、机油、煤油等。钻铸铁件时，不能使用机油来冷却。

四、量具

1. 量具的概念及种类

用来测量、检验零件尺寸和形状的工具称为量具。

量具根据其用途和特点，分为三种类型：①万能量具，一般都有刻度，可以测量零件尺寸、形状的具体数值，如钢直尺、游标卡尺、游标万能角度尺等；②专用量具，这类量具不能测量出实际尺寸，只能测量零件尺寸形状是否合格，如卡规、塞规等；③标准量具，这类量具只能制成某一固定尺寸，通常用来校对和调整其他量具，也可作为标准与被测零件进行比较，如量块。

2. 常用量具

（1）钢直尺 钢直尺是简单的尺寸测量工具，刻度以毫米为单位，测量误差较大，一般为 0.2~0.5mm。为减小测量误差，读数时视线应与尺面保持垂直。

（2）直角尺 直角尺是 90°角的测量工具。它有两个组成部分，即尺苗和尺座，如图 5-25 所示。长而薄的称为尺苗，短而宽的称为尺座。直角尺的规格以尺苗的长度来区分。材质一般采用中碳钢。

测量时，先将基准面贴合在尺座上，然后向尺苗推移，观察被测面与尺苗间的透光状况，来判断被测面与基准面是否垂直。

（3）游标卡尺 游标卡尺是中等精度的尺寸测量工具，可以直接测量工件的外径、内径、深度等。

1）游标卡尺的结构。游标卡尺的结构如图 5-26 所示。

2）游标卡尺的规格。游标卡尺的规格按其测量长度分为 125mm、150mm、200mm、300mm 等多种。

3）游标卡尺的使用 游标卡尺的使用如图 5-27 所示。

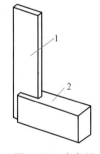

图 5-25 直角尺
1—尺苗 2—尺座

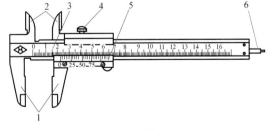

图 5-26 游标卡尺
1—外测量爪 2—内测量爪 3—尺身
4—制动螺钉 5—游标 6—测深杆

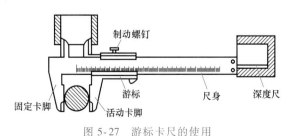

图 5-27 游标卡尺的使用

4）刻线原理及读数 游标卡尺有 0.1mm、0.05mm、0.02mm 三种分度值。

分度值为 0.02mm 的游标卡尺，尺身标线每格为 1mm，游标标线是将 49mm 等分为 50 个格，游标每格为 49mm÷50＝0.98mm，尺身与游标每格相差 0.02mm。0.02mm 精度游标卡尺刻线原理和读数示例如图 5-28 和图 5-29 所示。

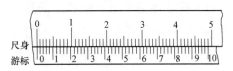

图 5-28　0.02mm 精度游标卡尺刻线原理

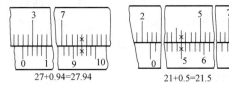

27+0.94=27.94　　21+0.5=21.5

图 5-29　0.02mm 精度游标卡尺读数示例

读数时，首先读出游标左端零标线以前在尺身上能够读出的整数毫米数；再找出游标上与尺身刻度线对齐的标线是第几条标线，以游标格数×卡尺精度；实测数值＝尺身整毫米数 + 游标格数×卡尺精度。

【任务实施】

一、工作准备（表 5-5）

表 5-5　工作准备

	名称	规格	精度	数量	备注
工具	划线平板	630mm×630mm	2 级精度	1 块/组	
	划针	$\phi3\sim6$mm		1 根/2 人	钢丝划针
	划规			1 把/2 人	普通划规
	划线方箱或 V 形架			1 块/组	
	样冲			1 个/2 人	
	锤子			1 把/2 人	
	毛刷			1 把/2 人	
	锉刀刷			1 把/2 人	
	软钳口			1 个/人	
量具	钢直尺	0~150mm		1 把/2 人	
	游标卡尺	0~150mm	0.02mm	1 把/2 人	
	游标高度尺	0~300mm	0.02mm	1 把/组	
	直角尺	100mm×63mm		1 把/2 人	
	刀口形直尺	125mm		1 把/2 人	
刃具	粗扁锉	300mm		1 把/人	
	中扁锉	250mm		1 把/人	
	细扁锉	200mm		1 把/人	
	圆锉	$\phi6$mm、$\phi10$mm		各 1 把/人	
	钻头	$\phi6$mm、$\phi8$mm、$\phi10$mm、$\phi12$mm		各 1 把/人	

二、实施步骤

实施步骤见表5-6。

表 5-6　实施步骤

工序名称	实施步骤	图示	工作标准	质量检测
1. 毛坯检测	1）毛坯去毛刺并找平 2）检测毛坯外形尺寸 3）检测毛坯平面度 4）选取垂直度较好的两个邻面为划线基准，即 A、B 面 5）锉削加工 A、B 面 注意：表面可用锤子敲击找平	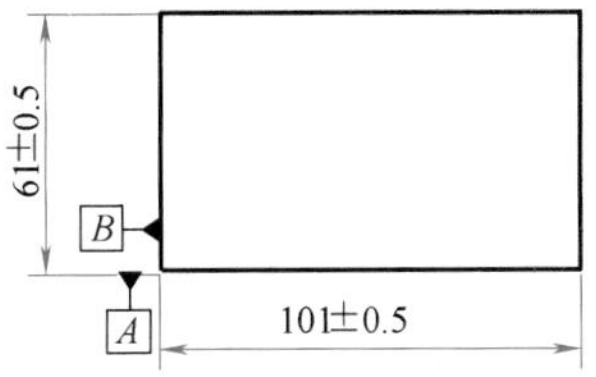 61±0.5　101±0.5（B、A 面）	1）毛坯表面平整 2）毛坯尺寸（101±0.5mm）×（61±0.5mm）×3 3）A、B 面垂直度误差不大于 0.1mm 4）A、B 面平直	1）使用钢直尺检测毛坯外形尺寸 2）使用刀口形直尺检测平面度 3）使用直角尺检查垂直度 注意：毛坯尺寸检测不应使用游标卡尺
2. 平面划线	1）以 A 面为基准，划出图示拉板的对称中心线	 30（A 面）	1）划线尺寸准确 2）线条清晰 3）孔中心打样冲眼适当 4）曲线与直线连接自然平滑 5）保证加工面留有足够锉削余量	使用游标高度尺进行划线与尺寸检验
	2）以 A 面为基准，划出与 A 面平行的各孔中心线	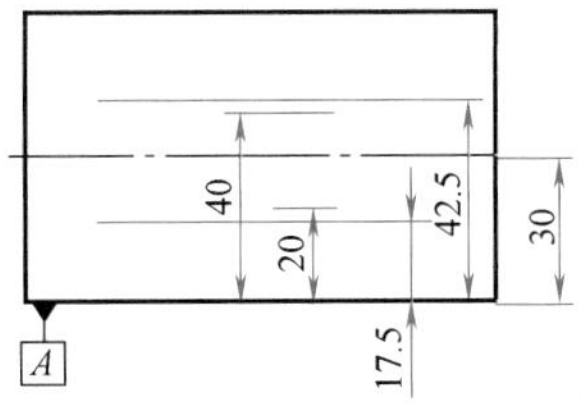 40、20、42.5、30、17.5（A 面）		
	3）以 A 面为基准，划出与 A 面平行的各孔轮廓线	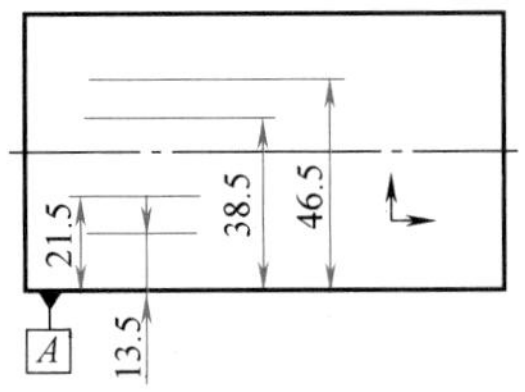 21.5、38.5、46.5、13.5（A 面）		
	4）以 B 面为基准，分别划出与 B 面平行的各孔中心线	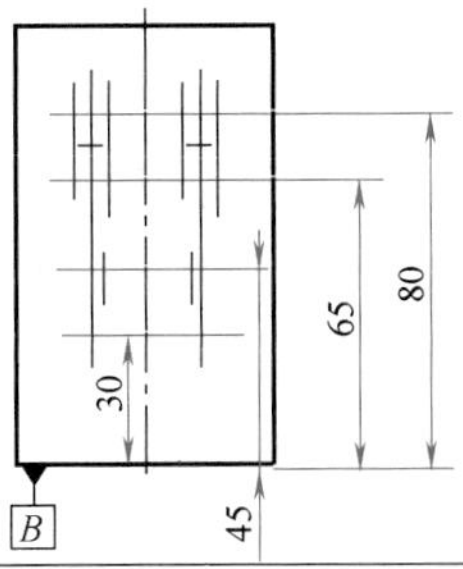 30、65、80、45（B 面）		

（续）

工序名称	实施步骤	图示	工作标准	质量检测
2. 平面划线	5）以 B 面为基准,分别划出与 B 面平行的孔的轮廓线	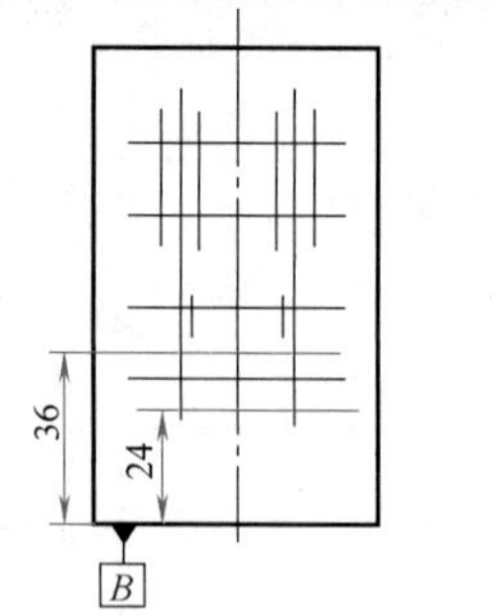	1）划线尺寸准确 2）线条清晰 3）孔中心打样冲眼适当 4）曲线与直线连接自然平滑 5）保证加工面留有足够锉削余量	使用游标高度尺进行划线与尺寸检验
	6）分别在三个长孔两圆中心取中点,确定排孔中心;在各孔中心点打样冲眼,划出孔的轮廓线 注意:基准面与方箱或 V 形架、划线平台一定要贴紧。线条要均匀用力一次划出	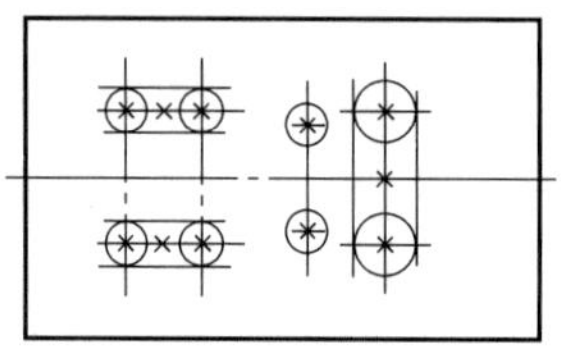		
3. 锉削	1）锉削 A 面对面的平行面 2）锉削 B 面对面的平行面 注意:先粗锉后精锉,粗锉时注意保留加工余量	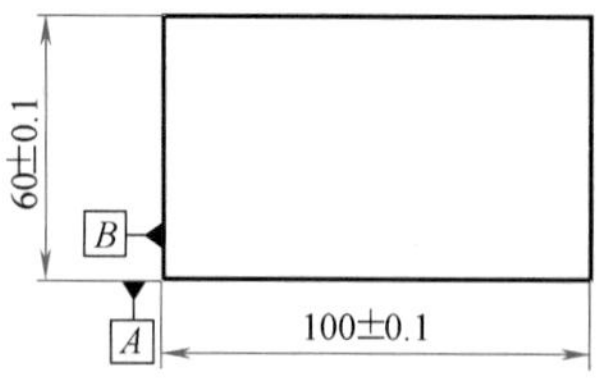	1）锉纹整齐一致 2）长度方向尺寸（100±0.1）mm;宽度方向尺寸（60±0.1）mm 3）平行度误差不大于 0.1mm	游标卡尺测量尺寸 100mm、60mm,保证加工面平行度
4. 钻孔	1）扩大孔中心样冲眼,以利于钻头定位 2）按图样尺寸(ϕ6mm、ϕ8mm、ϕ10mm、ϕ12mm）选择钻头进行钻孔	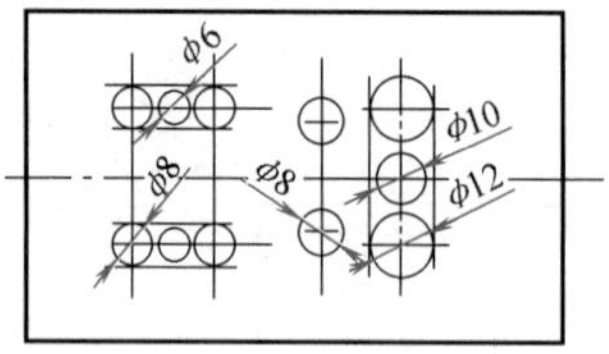	1）严格遵守钻床安全操作规程 2）孔中心定位准确	游标卡尺检测尺寸 ϕ6mm、ϕ8mm、ϕ10mm、ϕ12mm
5. 锉削	1）分别用 ϕ6mm、ϕ10mm 圆锉锉通排孔 2）用板锉锉削加工各长孔侧面	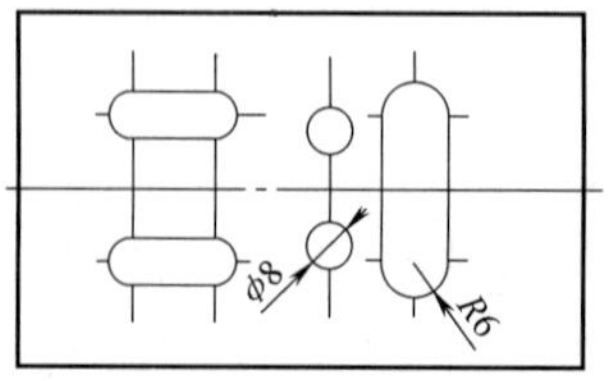	1）锉纹整齐一致 2）各平面曲面连接平滑 3）各平面平直	1）游标卡尺检测尺寸 ϕ8mm、R6mm 2）刀口形直尺检测平直度
6. 工件修整	1）锐边去毛刺 2）各加工面长度方向顺向锉纹			

【项目评价标准】（表 5-7）

表 5-7 项目评价标准

考评内容	配分	评分标准	实测结果	得分	备注
（100 ± 0.1）mm（1 处）	12	每超出允许偏差值一倍以内减 6 分			
（60 ± 0.1）mm（1 处）	12	每超出允许偏差值一倍以内减 6 分			
（15 ± 0.2）mm（2 处）	12	每超出允许偏差值一倍以内减 5 分			
（25 ± 0.2）mm（2 处）	12	每超出允许偏差值一倍以内减 5 分			
（20 ± 0.2）mm（1 处）	8	每超出允许偏差值一倍以内减 4 分			
ϕ8mm（2 处）	8	每超出允许偏差值一倍以内减 2 分			
平行度误差 0.1mm（基准 A）	8	每超出允许偏差值一倍以内减 3 分			
垂直度误差 0.1mm（基准 B）	8	每超出允许偏差值一倍以内减 3 分			
表面粗糙度 Ra6.3μm	10	每升高一级减 2 分			
安全文明生产	10	每违反安全文明生产一项扣 2 分			
安全文明生产考核现场记录					

项目六

制作普通平键

【项目描述】

在机械设计中，轴与旋转零件的连接经常使用键连接，其中普通平键使用范围最广。本项目的主要工作是编制普通平键加工工艺卡，根据键的零件图，使用钳工工具加工普通平键，并使用钳工量具完成键的加工质量检测。

$$制作普通平键\begin{cases}任务一 \quad 编制普通平键加工工艺卡 \\ 任务二 \quad 普通平键的加工与检测\end{cases}$$

任务一　编制普通平键加工工艺卡

【任务描述】

本任务是编制普通平键加工工艺卡。通过编制工艺卡，确定普通平键所需材料、制作的各个工序、设备，了解钳工常用工具及安全文明生产知识。

【任务分析】

通过识读普通平键零件图，确定零件形状、尺寸及技术要求，从而确定加工工序，结合JB/T 9165.2—1998《工艺规程格式》，编写加工工艺卡。

【相关知识】

一、基准的概念

基准分为设计基准和制造基准，制造基准又分为定位基准、测量基准和装配基准，其概念见表6-1。

二、45 钢相关介绍

45 钢表示平均碳的质量分数为 0.45% 的优质碳素结构钢，属于调质钢，经过热处理后具有良好的综合力学性能，主要用于制作要求强度、塑性、韧性都较高的机件，如齿轮、套筒、轴类零件。这类钢在机械制造中应用非常广泛。

表 6-1　基准的概念

名　称		说　明
设计基准		在零件图上用于标注尺寸和表面相互位置关系的基准
制造基准	定位基准	概念:用于确定工件正确位置的基准 粗基准的选择:不加工、加工余量小、平整的表面。只在第一道工序中使用一次 精基准的选择:基准重合、基准统一的原则
	测量基准	用于测量已加工表面的尺寸及各表面之间位置精度的基准
	装配基准	在机器装配中,用于确定零件或部件在机器中正确位置的基准

【任务实施】

一、工作准备（表 6-2）

表 6-2　工作准备

序号	名称	数量	图示
1	连接拉板零件图	1 张/组	图 6-1
2	空白工艺卡	1 张/组	（见下方工艺卡片）

机械加工工艺过程卡片　产品型号　　　零件(部)图号

机械加工工艺过程卡片		产品型号		零件(部)图号	
材料牌号	45　毛坯种类　板材	产品名称	连接拉板	零(部)件名称	
毛坯外形尺寸				共( )页	第( )页

每个毛坯可制件数	1	每台件数			备注	

工序号	工序名称	工序内容	车间	工段	设备	工艺设备	工时		备注
							计划	实际	
1									
2									
3									
描图									
描校									

二、实施步骤

1. 工作任务布置

按图 6-1 完成工序卡的编制。

2. 工作任务信息采集（表 6-3）

3. 工作任务计划

（1）加工检测基准的确定　依据图样确定加工检测基准为侧面（工作面）和底面。

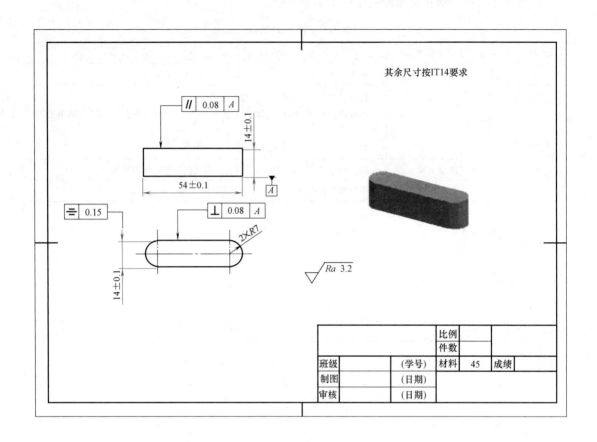

图 6-1　普通平键零件图

表 6-3　工作任务信息采集

序号	资讯信息	信息描述或分析
1	图样形状或功能性描述	图样为普通圆头平键，所用材料为 45 钢，属于优质非合金钢。图样总长（54±0.1）mm、总高（14±0.1）mm、总宽（14±0.1）mm
2	尺寸、几何公差要求及分析	图样的主要极限尺寸要求是长度尺寸（54±0.1）mm、高度尺寸（14±0.1）mm。键的工作面是两侧面，因此几何公差要求是键的两侧面的平行度、对称度、垂直度误差均不大于 0.1mm，精度要求一般。键两端圆头半径为 R7mm
3	表面粗糙度要求及分析	图样各表面的表面粗糙度要求均为 Ra3.2μm

（2）加工方法的确定　依据各加工面的尺寸精度和表面粗糙度的要求，加工方法确定如下：采用粗锉、精锉即可保证图样中的尺寸和表面质量要求。

（3）加工路线的拟定　按基准先行的原则，零件加工前应对加工检测基准进行精加工；按照先粗后精原则，应先粗锉后精锉。

注意：键的两侧面尺寸要严格控制，才能保证今后的装配要求。

4. 编制连接拉板加工工艺卡（表6-4）

表6-4　连接拉板工艺（摘自 JB/T 9165.2—1998）

机械加工工艺过程卡片			产品型号			零(部)件图号				
材料牌号	45 钢	毛坯种类	圆钢	产品名称			零(部)件名称		普通平键	
毛坯外形尺寸			ϕ22mm×56mm				共(1)页		第(1)页	
每个毛坯可制件数		1	每台件数				备注			
工序号	工序名称	工序内容		车间	工段	设备	工艺设备	工时		
								计划	实际	备注
1	毛坯下料	按毛坯尺寸锯削		钳工车间						
2	立体划线	1. 找到端面中心 2. 划一组平行面 3. 划另一组平行面		同上						
3	锉削	1. 锉削基准 A 面 2. 锉削基准 B 面 3. 锉 A 面平行面 4. 锉 B 面平行面		同上						
4	划线	划半圆曲面轮廓线		同上						
5	锉曲面	锉曲面		同上						
6	修整	修整各面								
描图										
描校										
图号										
装订号								设计	审核	标准化	会签
标记	处数	更改文件号	签字	日期	标记	处数	更改文件号			

任务二　普通平键的加工与检测

【任务描述】

本任务是钳工制作普通平键。通过普通平键的制作，掌握立体划线、曲面锉削等钳工基本技能，掌握钳工工具、量具的使用方法，培养安全生产意识。

【任务分析】

在已经完成普通平键零件图的识读和编制工艺卡的基础上，需要选择普通平键加工所需的工具、量具、刃具，结合工艺卡，制订具体的实施步骤，实施过程中强调钳工各工作的操作要领，学习钳工基本知识，完成普通平键的制作。

【相关知识】

一、立体划线的概念

在工件几个互成不同角度的（通常是相互垂直）表面上都进行划线，才能明确表示出加工界限的，称为立体划线，如四方体、轴承座的划线。

二、曲面锉削方法

1. 外圆弧面的锉削方法

1）顺着圆弧面锉削，右手握锉刀柄往下压，左手自然将锉刀前端向上抬，如图 6-2 所示。

这样锉出的圆弧面光洁圆滑，但锉削效率不高，适用于精锉外圆弧面。

2）对着圆弧面锉削，锉刀向着图 6-2b 所示方向直线推进，能较快地锉成接近圆弧但多棱的形状，最后需精锉才能将圆弧面锉削光洁圆滑，适用于圆弧面的粗加工。

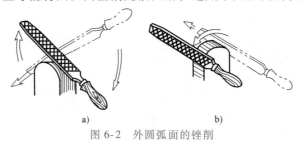

a)　　　　　　　　　　b)

图 6-2　外圆弧面的锉削

2. 内圆弧面锉削方法

内圆弧面采用圆锉、半圆锉。锉削时，锉刀要同时完成三个运动，即前进运动、顺圆弧面向左或向右移动、绕锉刀中心线转动，才能使内圆弧面光滑、准确，如图 6-3 所示。

3. 球面锉削方法

球面锉法是外圆弧面顺向锉与横向锉同时进行的一种锉削方式，如图 6-4 所示。

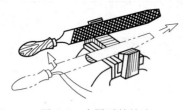

图 6-3　内圆弧的锉法

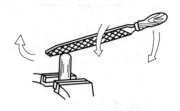

图 6-4　球面的锉法

4. 曲面轮廓度检查

曲面轮廓度精度，可用半径样板采用透光方法进行检查。

三、锯削

1. 锯削工具

（1）锯弓　锯弓用来安装和张紧锯条，分为固定式和可调式两种。可调式锯弓可以使用不同规格的锯条，使用比较方便和广泛。锯弓装有手柄、方形导管和夹头等。夹头还装有挂锯条的销钉。在活动夹头的一端带有拉紧螺栓，并配有翼形螺母，以便拉紧锯条。

（2）锯条　锯条用碳素工具钢制成，并经淬火处理。常用的手用锯条长 300mm、宽 12mm、厚 0.8mm。

锯条齿距大小以 25mm 长度所含齿数多少分为粗（14～16 个齿）、中（18～22 个齿）、细（24～32 个齿）三种。粗齿锯条适宜锯削铜、铝及断面较大的工件；细齿锯条适宜锯削硬钢、板料、薄壁管子等断面小的工件；中齿锯条适宜锯削普通钢、铸铁、厚壁管子等。

锯削时，锯入工件越深，锯缝的两边对锯条的摩擦就越大，严重时把锯条夹住。为了减小摩擦，将锯齿制成有规律的左右歪斜，使锯齿成交错式或波浪式的排列，称为锯路。

如图 6-5 所示，各个齿的作用相当于一排同样形状的錾子，每个齿都起到切削作用，锯齿的后角是 40°，楔角是 50°，切削角是 90°。既保证了锯齿的强度，也保证有足够大的容屑空间。

锯条的安装如图 6-6 所示，应保证齿尖向前，将锯条两端的安装孔装于锯弓两端夹头的销钉上，通过翼形螺母调节紧固。安装好的锯条松紧要适合，安装太紧，锯条受力过大易折断，安装太松，锯条易扭曲，也易折断，并且锯缝易歪斜。

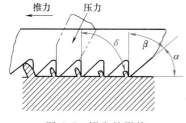

图 6-5　锯齿的形状

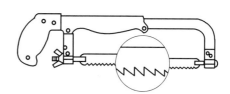

图 6-6　锯条的安装

2. 锯削的基本操作

（1）握法　右手满握锯柄，左手轻扶锯弓前端。

（2）锯削姿势　锯削的站立位置与錾削基本相似。体稍向前倾，如图 6-7 所示。

（3）工件的夹持　工件一般夹在台虎钳的左侧，锯缝距钳口 20mm 左右，锯缝线与钳口侧面平行。工件夹持要牢靠，同时要避免夹持力量过大，将工件夹变形或夹坏已加工表面。

（4）锯削的压力　推动力和压力主要由右手控制，左手主要配合右手扶正锯弓。压力不应过大。手锯推出为切削行程，应施加压力；回程不切削，自然拉回，不加压力；工件快锯断时要减小压力。

（5）运动和速度　锯削运动，身体与锯弓做协调性的小幅摆动。当手锯推进时，身体略向前倾，利用身体的前后摆力，带动手锯前后运动，双手随着压向手锯的同时，左手略微上翘，右手下压，回程时右手上抬，左手自然跟回。

图 6-7　锯削姿势

锯削时应尽量使用锯条的有效全长，保持锯条全长 2/3～3/4 参加工作，避免锯条局部磨损过快，降低使用寿命；甚至因局部磨损造成锯缝变窄，卡住或折断锯条。

锯削运动的速度一般为 40 次/min。锯削硬材料速度慢一些，压力大一些；锯削软材料速度快一些，压力小一些。必要时，可加水、乳化液或机油进行润滑冷却，减轻锯条发热磨损。

（6）起锯方法　起锯方法有两种：近起锯和远起锯，如图 6-8 和图 6-9 所示。一般采用远起锯较好。

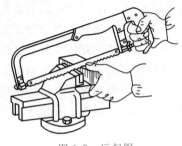
图 6-8　远起锯

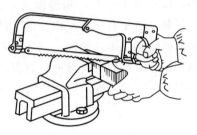
图 6-9　近起锯

起锯的要求：行程要短，压力要小，速度要慢。为了起锯顺利，可将锯片靠在左手大拇指处引导锯条，以防止锯条在工件表面打滑，使锯条能准确地锯在所需位置上。

起锯角在 15°左右为宜。起锯角过大，起锯不平稳，锯齿易被工件棱边卡住，引起崩齿。起锯角过小，与工件同时接触的齿数较多，锯条容易滑脱，损伤表面，也不易切入工件。

3. 各种材料的锯削方法

（1）棒料的锯削　锯削断面要求平整的，应从起锯开始连续锯到结束。若锯削断面要求不高时，可将棒料转过一定角度再锯，由于锯削面变小而容易锯入，可提高工作效率。

（2）管子的锯削　薄壁管子用 V 形木垫夹持，以防夹扁和夹坏管表面，如图 6-10 所示。管子锯削时要在锯透管壁时向推锯方向转一个角度再锯，否则容易造成锯齿的崩断。如此反复，直至将管子锯断。

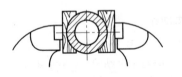
图 6-10　管子的锯削

（3）薄板料的锯削　将薄板材夹持在两木块之间，以增加刚性。锯削时，连同木板一起锯开。

（4）深缝锯削　当锯缝深度超过锯弓高度时，应将锯条转过 90°重新安装，使锯弓转到工件的旁边；当锯弓横下来其高度仍不够时，也可把锯条安装成使锯齿向锯弓内的方向锯削，如图 6-11 所示。

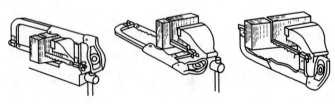
图 6-11　深缝锯削

（5）扁钢锯削　为了得到整齐的锯缝，应从较宽的面起锯，这样锯缝深度较浅，锯条不致卡住，如图 6-12 所示。

（6）型钢锯削　型钢（如角钢、槽钢、工字钢）的锯削方法与扁钢的锯法基本相同，工件须不断改变夹持位置，从不同的表面来进行锯削，如角钢须从两面锯割，如图 6-13 所示。

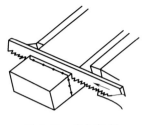

图 6-12　扁钢锯削

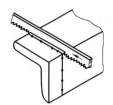

图 6-13　角钢锯削

4.锯削质量分析

（1）锯条损坏的原因及预防措施（表 6-5）

表 6-5　锯条损坏的原因及预防措施

损坏形式	损坏原因	预防措施
锯条折断	锯条装的过松或过紧	调整锯条松紧度
	工件抖动或松动	夹牢工件,使锯缝靠近钳口
	锯缝偏斜,纠正过急	缓慢纠正,必要时重换锯缝
	压力过大	压力应适度
	旧锯缝使用新锯条	换新锯条更换锯缝
锯条崩齿	锯条粗细选择	正确选用粗、中、细齿锯条
	起锯角度过大	减小起锯角至 15°
	突然碰到砂孔或杂质	减小压力,放慢速度
锯齿磨损	锯条使用时间过长	更换新锯条
	锯割速度过快	放慢速度
	工件材料硬	放慢速度,加润滑冷却液

（2）锯削产生废品的原因及预防措施（表 6-6）

表 6-6　锯削产生废品的原因及预防措施

废品形式	原因	预防措施
尺寸不对	划线不准	看清图样,划线时注意检查
	未按划线加工	锯削时不歪斜,留下划线痕迹
锯缝歪斜	锯条扭曲	调整锯条松紧
	锯齿一侧磨钝	更换新锯条
	工件夹斜	注意检查工件夹持
	压力过大	减小压力
拉伤表面	起锯时压力不均	速度放慢,压力均匀
	跑锯	握稳锯弓,掌握正确的姿势

5. 安全文明生产

1）锯条要装得松紧适当，不可过松、过紧。

2）锯削时不要用力过大，防止锯条折断，崩出伤人。

3）工件装夹要牢固，工件将被锯断时要用左手扶住工件，防止断料掉下砸脚。

4）重量较大的工件，可原地锯削，但必须放稳。

5）操作时要避免用力过大，以防手撞到工件或台虎钳上受伤。

6）注意工件装夹正确，以免锯削时锯伤台虎钳。

7）锯削后，应将锯弓上的张紧螺母适当放松，并妥善放好。

【任务实施】

一、工作准备（表6-7）

表6-7 工作准备

名称		规格	精度	数量	备注
工具	划线平板	630mm×630mm	2级精度	1块/组	
	划针	$\phi 3mm \sim 6mm$		1根/2人	钢丝划针
	划规			1把/2人	普通划规
	划线方箱或V形架			1块/组	
	样冲			1个/2人	
	锤子			1把/2人	
	锯弓	300mm		1把/人	可调试
	毛刷			1把/2人	
	锉刀刷			1把/2人	
	软钳口			1个/人	
量具	钢直尺	0~150mm		1把/2人	
	游标卡尺	0~150mm	0.02mm	1把/2人	
	游标高度尺	0~300mm	0.02mm	1把/组	
	直角尺	100mm×63mm		1把/2人	
	刀口形直尺	125mm		1把/2人	
	半径样板			1把/人	
刃具	粗扁锉	300mm		1把/人	
	中扁锉	250mm		1把/人	
	细扁锉	200mm		1把/人	
	锯条	300mm		2根/人	

二、实施步骤

实施步骤见表6-8。

表 6-8 实施步骤

工序名称	实施步骤	图示	工作标准	质量检测
1. 毛坯下料	1）锯削：将 $\phi22mm$ 圆钢锯削得到长 $56 \pm 0.1mm$、直径 $\phi22 \pm 0.1mm$ 的圆柱 2）检测毛坯外形尺寸	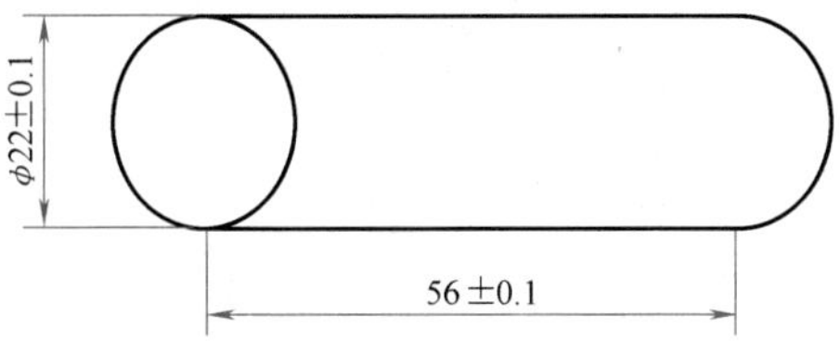	1）毛坯表面平整 2）毛坯尺寸 $\phi22 \pm 0.1mm \times 56 \pm 0.1mm$	1）使用钢直尺检测毛坯长度 2）使用游标卡尺检测直径
2. 立体划线	按图样进行立体划线，划出加工界限 1）用 V 形块支承工件，划出两条相互垂直的端面圆直径，找到圆柱体端面中心点	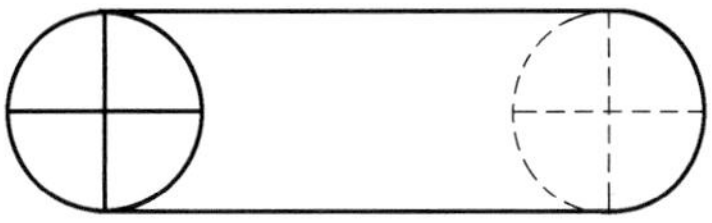	1）划线尺寸准确 2）线条清晰 3）直线与直线连接自然平滑 4）保证加工面留有足够锉削余量	1）使用游标高度尺进行划线与尺寸检验 2）使用直角尺找正
	2）以中心点为基准，用游标高度尺上下各调整 7mm 划出一组平面	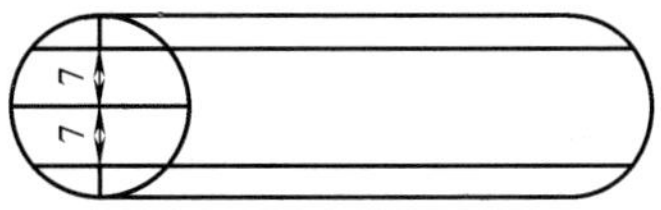		
	3）圆柱体旋转 90°	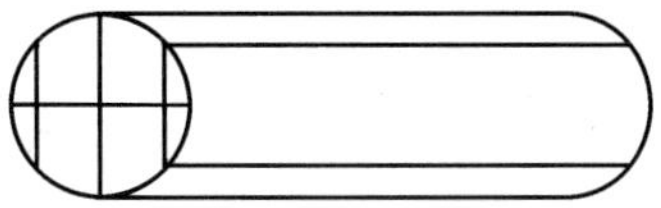		
	4）以中心点为基准，用游标高度尺上下各调整 7mm 划出第二组平面 注意：基准面与方箱或 V 形块、划线平板一定要贴紧。线条要均匀用力一次划出	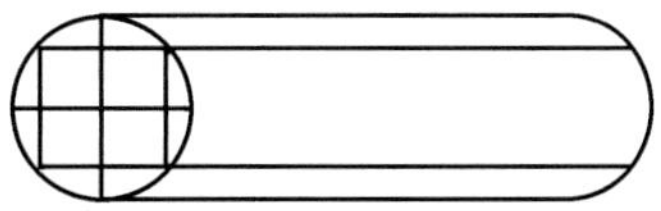		
3. 锉削	按线进行锉削加工，达到图样要求 1）按线锉削加工第一个平面为基准面 A	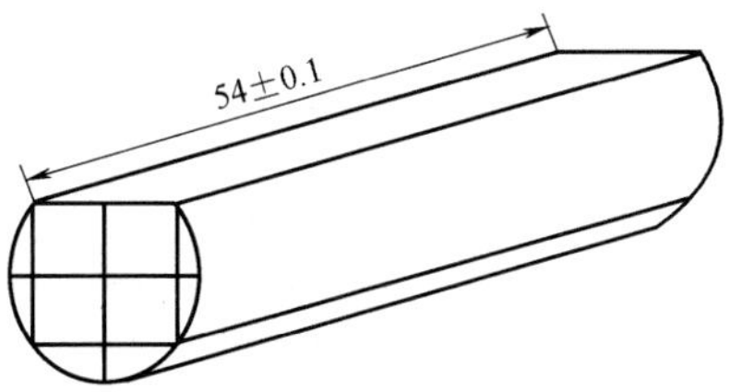	1）锉纹整齐一致 2）长度方向尺寸（54±0.1）mm、宽度方向尺寸（14±0.1）mm、高度方向尺寸（14±0.1）mm 3）平行度、平面度、垂直度误差均不大于 0.1mm	1）游标卡尺测量尺寸 54mm、14mm，保证加工面平行度 2）直角尺检测垂直度误差 3）刀口形直尺检测平面度
	2）按线锉削加工基准面 A 的一个邻面作为基准面 B	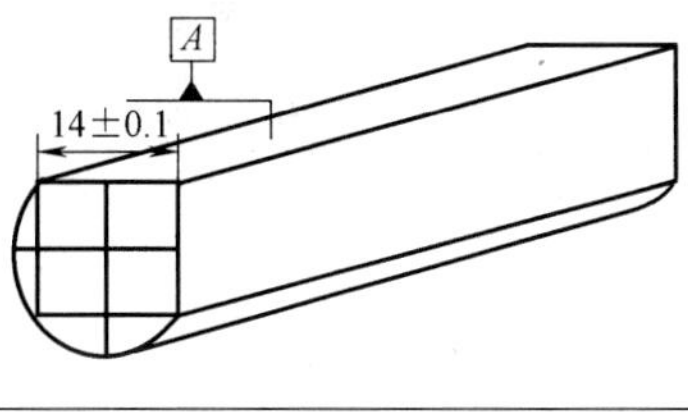		

（续）

工序名称	实施步骤	图示	工作标准	质量检测
3. 锉削	3）按线加工基准面 A 的平行面	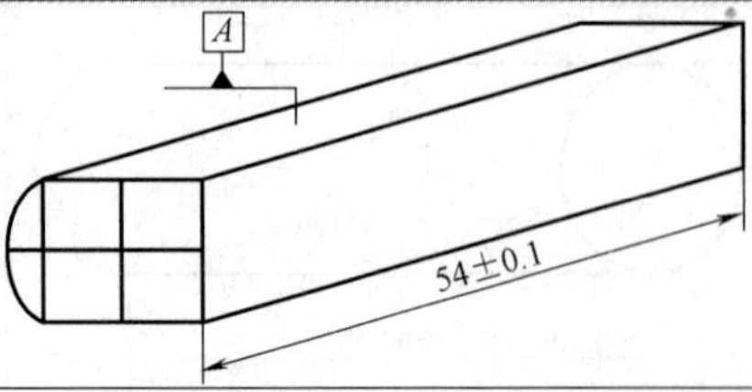 54±0.1	1）锉纹整齐一致 2）长度方向尺寸（54±0.1）mm、宽度方向尺寸（14±0.1）mm、高度方向尺寸（14±0.1）mm 3）平行度、平面度、垂直度误差均不大于 0.1mm	1）游标卡尺测量尺寸 54mm、14mm，保证加工面平行度 2）直角尺检测垂直度误差 3）刀口形直尺检测平面度
	4）按线加工基准面 B 的平行面 注意：先粗锉后精锉，粗锉时注意保留加工余量	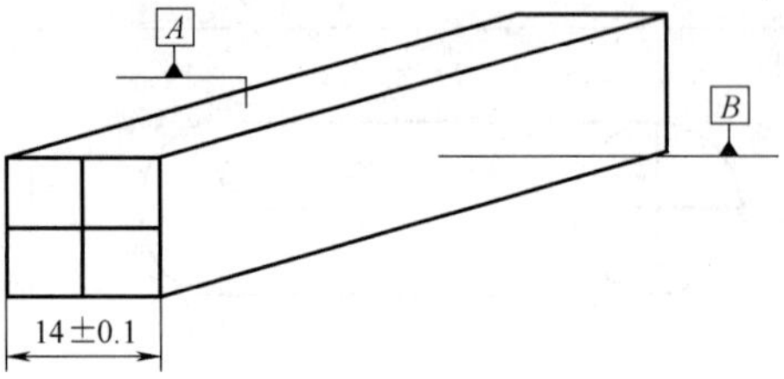 14±0.1		
4. 划线	1）以 A 面为基准，划 B 基准面的对称中心线 2）B 基准面上分别距左右端 7mm 处划对称线的垂直线，确定圆心位置 3）划半圆 φ14mm 曲面轮廓线（两处） 注意：线条要均匀用力一次划出	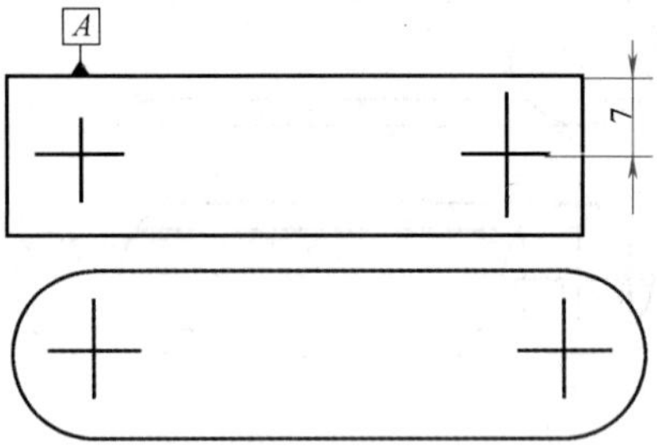 7	1）划线尺寸准确 2）线条清晰 3）曲线与直线连接自然平滑 4）保证加工面留有足够锉削余量	使用游标高度尺进行划线与尺寸检验
5. 锉削	分别对两个半圆曲面进行锉削加工，达到图样要求 注意：加工第一个曲面时尽量少消耗加工余量，尽可能多的将余量留给另一个曲面	 R7	1）锉纹整齐一致 2）各平面曲面连接平滑 3）曲面直径 φ14mm	使用半径样板保证尺寸 R7mm
6. 工件修整	1）锐边去毛刺 2）各加工面长度方向顺向锉纹			

【项目评价标准】（表6-9）

表 6-9　项目评价标准

考评内容	配分	评分标准	实测结果	得分	小组评价
（14±0.08）mm（2处）	28	每超出允许偏差值一倍以内减 7 分			
（54±0.1）mm（1处）	12	每超出允许偏差值一倍以内减 6 分			
R7mm（2处）	10	每超出允许偏差值一倍以内减 2 分			

（续）

考评内容	配分	评分标准	实测结果	得分	小组评价
平行度误差 0.08mm（基准 A）	12	每超出允许偏差值一倍以内减 3 分			
垂直度误差 0.08mm（基准 A）	12	每超出允许偏差值一倍以内减 3 分			
对称度误差 0.15mm	8	每超出允许偏差值一倍以内减 4 分			
表面粗糙度 Ra3.2μm	8	每升高一级减 2 分			
安全文明生产	10	每违反安全文明生产一项扣 2 分			
安全文明生产考核现场记录					

【知识拓展】

拓展一　錾销、扩孔和锪孔

一、錾削

1. 錾削工具

（1）锤子　锤子由锤头和锤柄组成，锤柄长度以与使用者前臂长相等为宜，断面为椭圆形，装好后打入锤楔，防止锤头脱落。锤头用优质碳素工具钢制成，两端淬火硬化，规格以锤头的重量区分，有 0.25kg、0.5kg、0.75kg、1kg 等。

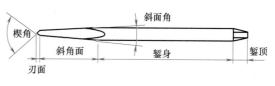

图 6-14　錾子

（2）錾子　錾子如图 6-14 所示，用碳素工具钢锻制成，由錾顶、錾身、切削部分组成，切削部分刃磨成楔形，淬火硬度达到 56~62HRC。

常用的錾子有扁錾、尖錾、油槽錾，如图 6-15 所示，除此以外还有圆口錾等。

錾子前面和后面之间的夹角称为楔角。楔角由刃磨形成，其大小对切削有着直接影响。楔角大时，刃部强度较高，但切削阻力也大。因此，在满足切削刃强度的前提下应尽量选较小的楔角。錾削硬钢或铸铁等硬材料时，楔角取 65°~70°；錾削一般钢材和中等硬度材料时，楔角取 60°；錾削铜合金时，楔角取 45°~60°；錾削铅、锌等软金属时，楔角取 35°左右。

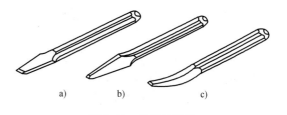

图 6-15　常用的錾子
a）扁錾　b）尖錾　c）油槽錾

（3）錾削的切削角度　刀具切削金属必须具备两个条件：①刀具的切削刃部比工件材料要硬；②刀具的切削部位成楔角。

只有以上两个条件还不能很好地完成切削任务，如要得到理想的切削表面，在錾削时，錾子还要与工件形成适当的切削角。切削角是指錾子的前刀面与切削平面所形成的夹角，以 δ 表示，$\delta=\beta+\alpha$，δ 为切削角，β 为錾子的楔角，α 为后角（后刀面与切削面形成的夹角），如图 6-16 所示。

后角 α 一般为 5°~8°，其大小直接影响加工质量和工作效率。后角过大，錾子会扎入工件；后角过小，錾子会从工件表面滑脱。所以，掌握和控制好后角，是錾削的关键。

（4）錾子的刃磨方法及要求 新锻制或用钝了的錾刃，要用砂轮磨锐。刃磨时两手拿住錾身，把錾子靠在托架上，一手在上，一手在下，使刃口向上斜放在砂轮上，轻加压力，平稳地左右移动。为了保证錾子刃口硬度不变，刃磨时要注意随时将刃口浸入水中冷却，以防高温退火。在刃磨过程中，要注意磨出适宜的楔角，两刃面要对称、等宽，刃口要平直。

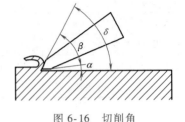

图 6-16 切削角

使用砂轮机必须严格遵守砂轮机安全操作规程。

2. 錾削基本操作

（1）锤子的握法

1）紧握法。右手五指紧握锤柄，大拇指合在食指上，虎口对准锤头方向，木柄尾端露出 15~20mm。在挥锤和锤击过程中，五指始终紧握。

2）松握法。只用大拇指和食指始终握紧锤柄。在挥锤时，小指、无名指和中指则依次放松。在锤击时，又以相反的次序收拢握紧。

（2）錾子的握法

1）正握法。手心向下，腕部伸直，用中指、无名指握住錾子，小指自然合拢，食指和大拇指自然伸直，松靠在錾子上，錾子头部伸出约 10mm，如图 6-17a 所示。

2）反握法。手心向上，手指自然捏住錾子，手掌悬空，如图 6-17b 所示。

（3）挥锤方法

1）腕挥。仅挥动手腕进行锤击运动，如图 6-18a所示。采用紧握法握锤，腕挥约 50 次/min。用于錾削余量较少及錾削开始或结尾。

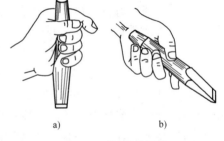

a)   b)

图 6-17 錾子的握法
a）正握法 b）反握法

2）肘挥。手腕与肘部一起挥动进行锤击运动，如图 6-18b 所示，采用松握法，肘挥约 40 次/min。用于需要较大力錾削的工件。

3）臂挥。手腕、肘和全臂一起挥动，其锤击力最大，如图 6-18c 所示。用于需要大力錾削的工件。

（4）錾削站立的姿势及位置 为了充分发挥较大的敲击力量，操作者必须保持正确的站立位置，左脚跨前半步，两腿自然站立，人体重心稍微偏向后方，视线要落在工件的切削部分，如图 6-19 所示。

（5）捶击要领

1）挥锤。肘收臂提，举锤过肩；手腕后弓，三指微松；锤面朝天，稍停瞬间。

2）锤击。目视錾刃，臂肘齐下；收紧三指，手腕加劲；锤錾一线，锤走弧形；左脚着力，右腿伸直。

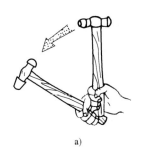  

图 6-18　挥锤方法

a) 腕挥　b) 肘挥　c) 臂挥

3) 要求。稳，即节奏平稳；准，即锤击准确；狠，即锤击有力。

3. 技能训练

在台虎钳上錾断，錾断的材料其厚度与直径不能过大，板料厚度在 4mm 以下，圆料直径在 13mm 以下。

（1）錾切板料。錾切时，板料按划线与钳口平齐，用扁錾沿着钳口并斜对着板料（约成 45°）自右向左錾切，如图 6-20 所示。錾切时，錾子刃口不可正对板

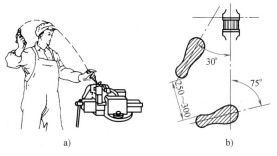

图 6-19　錾削站立姿势和位置

料錾切，否则，由于板料的弹动和变形，易造成切断处产生不平整或出现裂缝。

（2）錾断圆料　錾切时，材料应尽量牢固夹持在台虎钳钳口的中央部位，如图 6-21 所示，保持竖直，錾子切削用力的方向应垂直于钳口，錾身与钳口平面保持 35° 左右的夹角，保证台虎钳上的断口应与钳口平齐，有利于提高工作效率。錾子倾斜角度过大、过小，都会使断口歪斜，操作中应及时总结、修正，通过反复练习，掌握正确的切削角度。

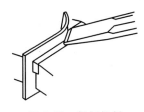

图 6-20　錾切板料

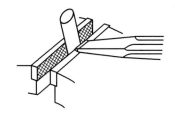

图 6-21　錾断圆料

（3）錾削平面

1) 起錾与终錾。在錾削平面时采用斜角起錾。先在工件的边缘尖角处，轻轻敲打錾子，錾削出一斜面。同时慢慢地把錾子移向中间，然后按正常錾削角度进行。终錾时，要防止工件边缘材料崩裂，当錾削接近尽头 10~15mm 时，必须调头錾去余下部分，如图 6-22 所示。尤其是錾削铸铁、青铜等脆性材料更应如此，否则尽头处就会崩裂。

2) 錾削平面。錾削平面要先划出尺寸线，被錾工件的平面宽度应小于錾刃的宽度。夹持工件时，尺寸线应露出钳口，但不宜太高。每次切削厚度为 0.5~1.5mm，如果一次錾得

过厚，不但消耗体力大，而且可能会将工件錾坏；如果一次錾得太薄，錾子容易从工件表面滑脱。被錾工件的平面宽度大于錾刃的宽度时，先用尖錾在平面錾出若干个沟槽，将宽面分成若干个窄面，然后用扁錾将各窄面錾去，如图 6-23 所示。在錾削较窄的平面时，錾子切削刃与錾削前进方向倾斜一个角度，使切削刃与工件有较多的接触面，这样錾削过程中易使錾子掌握平稳。

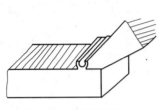

图 6-22　尽头錾削方法

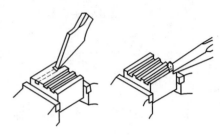

图 6-23　錾削宽平面

4. 安全文明生产

1）錾削时，不准戴手套，防止锤子脱手伤人。

2）工位前方须装防护网，防止发生铁屑伤人事故。

3）錾子、锤子头部出现毛刺时，应及时磨去，以防伤手。

4）起錾的角度及力度应控制适当，避免打滑而伤手。

5）錾屑不得用手擦或嘴吹，应用刷子清除。

6）錾子、锤子放置时不得露出钳台，以免掉下砸伤脚。

7）錾子、锤子不得与量具放置一处，避免损坏量具。

8）锤头松动、锤子无楔、锤柄裂纹，应及时修复，否则不能使用。

9）尽量保持锤子手柄的清洁，沾上油污等污物时应及时擦拭，以免使用时滑出伤人。

二、扩孔、锪孔

1. 扩孔

扩孔是用扩孔钻对已有孔的进一步加工，以扩大孔径，适当提高孔的加工精度和表面质量。扩孔还可以校正孔的轴线偏差，并使其获得较正确的几何形状。扩孔属于半精加工。扩孔钻的形状与麻花钻相似，不同的是，扩孔钻有 3～4 个切削刃，无横刃，顶端为平面，螺旋槽较浅，钻心粗实，扩孔钻刚性好，不易变形，导向性能好，可达到较高的加工精度。在钻床上扩孔的切削运动与钻孔相同。扩孔加工余量为 0.5～4mm，小孔取较小值，大孔取较大值。

用麻花钻扩孔时，扩孔前的钻削直径为孔径的 0.5～0.7 倍。扩孔时切削速度约为钻孔时的 1/2，进给量为钻孔的 1.5～2 倍。

2. 锪孔

锪孔是用锪钻在孔口表面锪出一定形状的孔或表面的加工方法。锪孔时的切削速度一般是钻底孔速度的 1/3～1/2，手进给压力不宜过大，先调整好工件的孔与锪钻的同轴度，再将工件夹紧，锪孔深度可用钻床上的定位尺控制，出现多角形振纹等加工缺陷时，应立即停止加工。造成缺陷的原因可能是钻头刃磨不当、锪削速度太高、切削液选择不当、工件装夹不牢等，应找出问题及时修正。

用麻花钻改磨成锪钻时，应尽量选用较短的钻头，并修磨外缘处刀具前面，使前角变小，防止振动和扎刀。后角应磨得较小，防止锪出多角形表面。

拓展二　金属材料基础知识

一、金属材料的分类

在已发现的化学元素中大多数是金属元素。金属是指具有良好的导电性和导热性，有一定的强度和塑性，并具有一定光泽的物质，如铁、铝、铜、锌等。有两种或两种以上的金属元素，或者金属与非金属元素所组成的具有金属特性的物质称为合金。例如，钢是由铁和碳所组成的合金；黄铜是铜和锌组成的合金。金属与合金统称金属材料。

在机械上所用的金属材料以合金为主，很少使用纯金属。原因是合金比纯金属具有更好的力学性能和工艺性能，而且成本一般较纯金属低。合金还可以通过调整组成元素之间的比例，获得一系列性能各不相同的材料，从而满足生产上不同的性能需要。

金属材料通常分为钢铁材料和非铁金属材料两大类。以铁或以铁为主而形成的金属，称为钢铁材料，如钢和生铁。除钢铁材料以外的其他金属，都称为非铁金属材料，如铜、铝和锌等。

二、金属材料的力学性能

1. 强度

金属材料的强度是指金属材料在载荷作用下，抵抗变形和破坏的能力。为了便于比较各种金属材料的强度，常用金属材料抵抗变形和破坏时的应力来衡量。

金属材料的强度指标可通过强度试验（拉伸、压缩、弯曲、疲劳等试验）求得。常以拉伸试验所测得的屈服强度、抗拉强度 R_m（又称强度极限）等指标来表示最基本的强度值。

（1）屈服强度　载荷不增加的情况下仍能产生明显塑性变形时的应力。它是选用材料时非常重要的力学性能指标。力学零件所受的应力，一般都小于屈服强度，否则会产生明显的塑性变形，例如发动机气缸盖螺栓，所受的载荷不应高于它的屈服强度，否则会因螺栓变形使气缸盖松动、漏气。

（2）抗拉强度　金属材料抵抗拉伸载荷作用而不致破坏的最大应力，用 R_m 表示。它是机械零件设计和选材的主要依据之一。

2. 塑性

金属材料在载荷作用下，产生显著的变形而不致破坏，并在载荷取消后，仍能保持变形后形状的能力，称为塑性。例如，铜、铝、锡、铅等金属的塑性良好，可以制成线、轧制成板等。塑性可以通过拉伸试验的方法测定，常用断后伸长率和断面收缩率表示。

（1）断后伸长率　断后伸长率是试样拉断后，标定长度的伸长量与原始标定长度之比值的百分数，用 A 表示。

（2）断面收缩率　断面收缩率是试样断口面积的缩减量与原截面面积之比值的百分数，用 Z 表示。

断后伸长率和断面收缩率的数值越大，表示金属材料的塑性越好，可以进行冲压或大变形量加工。此外，塑性好的材料，不致因超载而突然断裂。从而增加了金属材料使用时的安全可靠性。

3. 硬度

硬度是指金属材料抵抗另一种更硬的物体（材料）压入其表面的能力。硬度值是通过硬度试验测定的。根据测定的方法不同，可分为布氏硬度、洛氏硬度、维氏硬度等。其中比较常用的是布氏硬度和洛氏硬度两种。

（1）布氏硬度　布氏硬度是在布氏硬度试验机上测定的。布氏硬度是用一定的载荷，将一定直径的硬质合金钢球作压头压入金属材料表面，保持一定时间，然后除去载荷，使金属表面留下一个压痕。用所加载荷除以压痕表面积，得出的结果就是布氏硬度值，用 HBW 表示。

HBW 适合测硬度≤650 的金属。

由于金属材料硬度不同，工件厚度不同，在进行布氏硬度试验时，压头直径 D、试验力和保持时间应根据被测金属的种类和试验厚度，按表 6-10 中的布氏硬度试验规范正确地进行选择。

表 6-10　布氏硬度范围选择

材料	布氏硬度 HBW	F/D^2
钢、镍基合金、钛合金		30
铸铁	<140	10
	≥140	30
铜及铜合金	<35	5
	35～200	10
	>200	30
轻金属及其合金	<35	2.5
	35～80	5、10、15
	>80	10、15
铅、锡		1

布氏硬度的标注方法是，测定的硬度值应标注在硬度符号的前面，除了采用钢球直径 D 为 10mm，试验力为 29419.95N（3000kgf），保持时间为 10s 的试验条件外，在其他条件下试验测得的硬度值，均应在硬度符号的后面用相应的数字注明压头直径、试验力大小和试验力保持时间。

500HBW5/750 表示用直径为 5mm 的硬质合金球，在 7.355kN（750kgf）试验力作用下保持 10～15s 测得的布氏硬度值。一般试验力保持时间为 10～15s 时不需标明。

（2）洛氏硬度　洛氏硬度是在洛氏硬度试验机上测得的。根据压头与载荷的不同，洛氏硬度可分为 HRA、HRB、HRC 三种。HRA、HRC 是用锥角为 120° 的金刚石圆锥体作压头，HRB 是用直径为 1.588mm 的淬火钢球作压头，在一定载荷的作用下，压入材料表面，除去载荷后，根据材料表面留有压痕的深度确定的。

洛氏硬度以 HRC 应用最多。洛氏硬度值可以直接从刻度盘上读出，不需计算。

洛氏硬度试验操作简单、迅速，软、硬金属都可以测量（HRA 用于测量硬而薄的金属，

HRB 用于测量较软的金属，HRC 用于测量硬度在 20～70HRC 的硬金属）。由于压痕较小，可以测量成品件。但是，当材料组织不均匀时，会使测量结果不够准确。测试洛氏硬度时，要选取不同位置的三点测出硬度值，再计算平均值作为被测材料的硬度值。

为了能用一种硬度计测定较大范围的硬度，常用洛氏硬度采用了三种硬度标尺，其试验条件及适用范围见表 6-11。

表 6-11 洛氏硬度标尺的试验条件和适用范围

硬度标尺	压头类型	总试验力/N	硬度值有效范围	应用举例
HRA	120°金刚石圆锥体	1471.0	20～70HRC	一般淬火钢件
HRB	$\phi 1.588mm$ 的钢球	980.7	20～100HRB	软钢、退火钢、铜合金等
HRC	120°金刚石圆锥体	588.4	20～88HRA	硬质合金、表面淬火钢等

洛氏硬度的标注方法根据试验时选用的压头类型和试验力大小的不同分别采用不同的标尺进行标注。

根据 GB/T 230.1—2009 规定，硬度数值写在符号的前面，HR 后面写使用的标尺。如 50HRC 表示用 HRC 标尺测定的洛氏硬度值为 50。

4. 冲击韧性

冲击韧性是指金属材料抵抗冲击载荷作用而不致破坏的能力。

金属材料韧性的好坏，可通过冲击试验测定，用冲击韧度值来表示。冲击韧度值是在冲击韧性试验机上测定的。用冲断试样消耗的功，除以试样断口处横断面积，所得结果即为冲击韧度值，用 a_K 表示。

冲击韧度值越大，则材料的韧性越好。

5. 疲劳

在交变载荷作用下，材料发生断裂的现象称为疲劳。金属抵抗疲劳的能力的大小，可以用疲劳强度（疲劳极限）衡量。疲劳强度越大，抗疲劳性能越好。所谓疲劳强度，就是金属材料在无数次重复的交变载荷作用下，而不致破坏的最大应力。

疲劳破坏是机械零件失效的主要原因之一。据统计，在零件失效中大约有 80% 以上的属于疲劳破坏。而且疲劳破坏前没有明显的变形（断裂前没有塑性变形的预兆，突然发生）引起疲劳断裂的应力低于材料的屈服强度，易使人忽视。

金属的疲劳强度受到很多因素的影响，包括工作条件、表面状态、材料本质、材料使用的时间及残余内应力等。改善零件的结构形状、降低零件表面粗糙度值，以及采取各种表面强化的方法，都能提高零件的疲劳极限。

三、钢

钢按化学成分可分为非合金钢、低合金钢和合金钢三大类。非合金钢是指以铁为主要元素，碳的质量分数小于 2% 并含有其他少量元素的铁碳合金。实际生产中使用的非合金钢除含有碳元素之外，还含有少量的硅、锰、硫、磷等元素，这些元素统称为杂质元素，其中硅、锰是有益元素，硫、磷是有害元素。低合金钢是一类可焊接的低碳低合金结构用钢。其中合金元素的总质量分数<5.43%，大多都在热轧或正火状态下使用。合金钢中合金元素的总质量分数界≥5.43%。

钢按碳的质量分数可分为低碳钢、中碳钢和高碳钢。低碳钢中，碳的质量分数<0.25%；中碳钢中，碳的质量分数为0.25%~0.60%；高碳钢中碳的质量分数>0.60%。

钢按主要质量等级可分为普通质量、优质和特殊质量。普通质量非合金钢是指对生产过程中控制质量无特殊规定的一般用途的非合金钢。优质非合金钢是指除普通质量非合金钢和特殊质量非合金钢以外的非合金钢。特殊质量非合金钢是指在生产过程中需要特别严格控制质量和性能（例如要求控制淬透性和纯洁度）的非合金钢。

钢按用途可分为结构钢和工具钢。碳素结构钢主要用于制造各种机械零件和工程结构件，其碳的质量分数一般小于0.70%。此类钢常用于制造齿轮、轴、螺母、弹簧等机械零件，用于制作桥梁、船舶、建筑等工程结构件。碳素工具钢主要用于制造工具，包括刃具、模具、量具等，其碳的质量分数一般都大于0.70%。此外，钢材还可以从其他方面进行分类，如按专业、按冶炼方法等进行分类（如锅炉用钢、桥梁用钢、矿用钢等）。

1. 非合金钢的牌号及用途

（1）普通质量非合金钢　普通质量非合金钢中的碳素结构钢的牌号是由代表屈服强度的字母、屈服强度数值、质量等级符号、脱氧方法符号四部分按顺序组成的。屈服强度的字母以"屈"字汉语拼音首位字母"Q"表示，质量等级分A、B、C、D四级，从左至右质量依次提高，脱氧方法用F、b、Z、TZ分别表示沸腾钢、半镇静钢、镇静钢和特殊镇静钢。在牌号中"Z"与"TZ"可以省略。例如，Q195钢表示屈服强度为195MPa的普通质量非合金钢。

（2）优质非合金钢　优质非合金钢中的优质碳素结构钢的牌号用两位数字表示，两位数字表示该钢的平均碳的质量分数的万分之几（以0.01%为单位）。例如，45钢表示平均碳的质量分数为0.45%的优质碳素结构钢；08钢表示平均碳的质量分数为0.08%的优质碳素结构钢。

优质碳素结构钢中，锰的质量分数（$w_{Mn}=0.70\%~1.00\%$）较高时，在其牌号后面标出元素符号Mn，如15Mn、20Mn等。若为沸腾钢与半镇静钢，则在数字后分别加"F""b"，如08F与08b等。

08、10钢碳的质量分数低、塑性好、强度低、焊接性能好，主要是制作薄板，用于制造冷冲压零件和焊接件，属于冷冲压钢。

15、20、25钢属于渗碳钢。这类钢强度较低，但塑性、韧性较高，冷冲压性能和焊接性能很好，可用于制造要求表面硬度高、耐磨并承受冲击载荷的零件。

30、35、40、45、50、55钢属于调质钢，经过热处理后具有良好的综合力学性能，主要用于制作要求强度、塑性、韧性都较高的机件，如齿轮、套筒、轴类零件。这类钢在机械制造中应用非常广泛，特别是40、45钢在机械零件中应用最广泛。

60、65、70、75、80、85钢属于弹簧钢，经过热处理后可获得高的弹性极限，主要用于制造尺寸较小的弹簧、弹性零件及耐磨零件。

（3）特殊质量非合金钢　特殊质量非合金钢中的碳素工具钢是用于制造刀具、模具和量具的钢。由于大多数工具都要求硬度高和耐磨性好，故碳素工具钢碳的质量分数都在0.7%以上，而且此类钢都是优质钢和高级优质钢，有害杂质元素（S、P）含量较少，质量较高。

碳素工具钢的牌号以"T"（"碳"的汉语拼音字首）开头，其后的数字表示平均碳的质量分数的千分数。例如，T8 表示平均碳的质量分数为 0.80% 的碳素工具钢。若为高级优质碳素工具钢则在牌号后面标以字母 A，例如，T12A 表示平均碳的质量分数为 1.20% 的高级优质碳素工具钢。

碳素工具钢随着碳的质量分数的增加，硬度和耐磨性提高，而韧性下降，其应用场合也分别不同。T7、T9 一般用于要求韧性稍高的工具，如样冲、錾子、简单模具、木工工具等；T10 用于要求中等韧性、高硬度的工具，如手工锯条、丝锥、板牙等，也可用作要求不高的模具；T12 具有较高的硬度及耐磨性，但韧性低，用于制造量具、锉刀、钻头、刮刀等。高级优质碳素工具钢含杂质和非金属夹杂物少，适于制造重要的、要求较高的工具。

随着科学和工程技术的不断发展，对钢的性能要求越来越高。例如，尺寸大的高强度零件，要求具有优良的综合力学性能和高的淬透性；在某些特殊条件下工作的零件，要求具有耐腐蚀、抗氧化、耐磨损等特殊性能；切削速度较高的刀具，要求具有较高的热硬性。非合金钢已不能满足这些要求，必须采用各种性能优异的低合金钢与合金钢。

为了改善钢的某些性能，或使之具有某些特殊性能，在冶炼时有意加入的元素，称为合金元素。含有一种或多种有意添加的合金元素的钢，称为合金钢。

各类钢的牌号、特性和用途详见《机械零件设计手册》。

2. 低合金钢的牌号

低合金高强度结构钢的牌号由代表屈服强度的汉语拼音首位字母、屈服强度数值、质量等级符号（A、B、C、D、E）按顺序组成。例如，Q390A 表示屈服强度 ≥390MPa，质量等级为 A 级的低合金高强度结构钢。低合金高强度结构钢的合金元素以锰为主，此外，还有钒、钛、铝、铌等元素。它与非合金钢相比具有较高的强度、韧性、耐蚀性及良好的焊接性，而且价格与非合金钢接近。因此，低合金高强度结构钢广泛用于制造桥梁、车辆、船舶、建筑钢筋等。

3. 合金钢的牌号

我国合金钢的编号是按照合金钢中碳的质量分数及所含合金元素的种类（元素符号）和其质量分数来编制的。一般牌号的首部都是表示其平均碳的质量分数的数字，数字含义与优质碳素结构钢是一致的。对于结构钢，数字表示平均碳的质量分数的万分之几；对于工具钢，数字表示平均碳的质量分数的千分之几。当钢中某合金元素（Me）的平均质量分数 $w_{Me} < 1.5\%$ 时，牌号中只标出元素符号，不标明含量；当 $1.5\% \leqslant w_{Me} < 2.5\%$ 时，在该元素后面相应地用整数 2 表示其平均质量分数，以此类推。

（1）合金结构钢的牌号　例如 40CrMn，表示平均 $w_C = 0.40\%$、$w_{Cr} < 1.5\%$、$w_{Mn} < 1.5\%$ 的合金结构钢；20Mn2 表示平均：$w_C = 0.17\% \sim 0.24\%$、$w_{Mn} = 1.4\% \sim 1.8\%$ 的合金结构钢。钢中钒、钛、铝、硼、稀土等合金元素虽然含量很低，但仍应标出，例如 40MnVB、25MnTiBRE 等。

（2）合金工具钢的牌号　当钢中平均 $w_C < 1.0\%$ 时，牌号前数字以千分之几（一位数）表示；当 $w_C \geqslant 1\%$ 时，为了避免与合金结构钢相混淆，牌号前不标数字。例如 9Mn2V 表示平均 $w_C = 0.9\%$，$w_{Mn} = 2\%$、$w_V < 1.5\%$ 的合金工具钢；CrWMn 表示钢中平均 $w_C \geqslant 1.0\%$、$w_W < 1.5\%$、$w_{Mn} < 1.5\%$ 的合金工具钢；高速工具钢牌号不标出碳的质量分数值，例如 W18Cr4V。

（3）滚动轴承钢的牌号　滚动轴承钢牌号前面冠以汉语拼音字母"G"，其后为铬元素符号 Cr，铬的质量分数以千分之几表示，其余合金元素与合金结构钢牌号规定相同，如

GCr15SiMn 钢。

（4）不锈钢和耐热钢的牌号　不锈钢和耐热钢的牌号表示方法与合金工具钢基本相同。

四、铸铁

铸铁是指一系列主要由铁、碳和硅组成的合金的总称。有时为了提高铸铁的力学性能或获得某种特殊的性能，需加入铬、钼、钒、铜、铝等合金元素，从而形成合金铸铁。

铸铁具有良好的铸造性能、减摩性能、吸振性能、切削加工性能及较低的缺口敏感性，而且生产工艺简单、成本低廉，经合金化后还具有良好的耐热性和耐蚀性等，广泛应用于农业机械、汽车制造、冶金、矿山、石油化工、机床、重型机械制造和国防工业等行业。

铸铁虽然有较多的优点，但由于其强度、塑性及韧性较差，所以不能通过锻造、轧制、拉丝等方法加工成形。

根据碳在铸铁中存在的形式不同，可分为白口铸铁、灰铸铁、球墨铸铁与可锻铸铁。

1. 灰铸铁的牌号及用途

灰铸铁的牌号由"HT"及数字组成。其中，"HT"是"灰铁"两字汉语拼音的第一个字母，其后的数字表示最低的抗拉强度，如 HT100 表示灰铸铁，最低抗拉强度是 100MPa。

为了提高灰铸铁的力学性能，必须细化和减少石墨片，在生产中常用的方法就是孕育处理。在铁液浇注之前，往铁液中加入少量的孕育剂（如硅铁合金或硅钙合金），使铁液内同时生成大量均匀分布的石墨晶核，改变铁液的结晶条件，使灰铸铁获得细晶粒的珠光体基体和细片状石墨组织。经过孕育处理的灰铸铁称为孕育铸铁，也称变质铸铁。孕育铸铁的强度有很大的提高，并且塑性和韧性也有所提高，因此，常用来制造力学性能要求较高、截面尺寸变化较大的大型铸件。

2. 球墨铸铁的牌号及用途

球墨铸铁是 20 世纪 50 年代发展起来的一种新型铸铁，它是由普通灰铸铁熔化的铁液，经过球化处理后得到的。球化处理的方法是在铁液出炉后且浇注前加入一定量的球化剂（稀土镁合金等）和孕育剂，使石墨呈球状析出。

球墨铸铁的牌号用"QT"符号及其后面两组数字表示。"QT"是"球铁"两字汉语拼音的第一个字母，两组数字分别代表其最低抗拉强度和断后伸长率。

球墨铸铁的热处理工艺性能较好，凡是钢可以进行的热处理工艺，一般都适合于球墨铸铁，而且球墨铸铁通过热处理改善性能的效果比较明显。

3. 可锻铸铁

可锻铸铁是由一定成分的白口铸铁经可锻化退火，使渗碳体分解而获得团絮状石墨的铸铁。

可锻铸铁的牌号是由三个字母及两组数字组成。其中前两个字母"KT"是"可铁"两字汉语拼音的第一个字母，第三个字母代表类别。其后的两组数字分别表示最低抗拉强度和断后伸长率。

可锻铸铁具有铁液处理简单、质量比球墨铸铁稳定、容易组织流水线生产和低温韧性好等优点，广泛应用于汽车、拖拉机等机械制造行业，用于制造形状复杂、承受冲击载荷的薄壁（<25mm）和中小型零件。但其可锻化退火的时间太长（几十小时），能源消耗大，生产率低，成本高。

五、热处理知识

热处理是将固态金属或合金采用适当的方式进行加热、保温和冷却以获得所需要的组织结构与性能的工艺方法。热处理在机械制造工业中占有非常重要的地位。它是强化金属材料、提高零件使用寿命最有效的方法之一。其工艺方法的种类繁多，根据加热和冷却的方式不同，钢的热处理方法，通常可分为整体热处理、表面热处理、化学热处理。

任何一种热处理工艺都是由加热、保温和冷却三个阶段所组成的。

1. 钢的整体热处理

钢的退火与正火是常用的两种基本热处理工艺方法，主要用来处理工件毛坯，为以后切削加工和最终热处理做组织准备。

（1）钢的退火　将钢加热到适当温度，保持一定时间，然后缓慢冷却（一般须随炉冷却）的热处理工艺称为退火。

退火的目的：降低钢的硬度，提高塑性，以便于切削加工及冷变形加工；细化晶粒，均匀钢的组织及成分，改善钢的性能或为以后的热处理做准备；消除钢中的残余内应力，以防止变形和开裂。中碳钢件适宜采用退火作为预备热处理。

（2）钢的正火　将钢材或钢件加热到一定温度，保温适当的时间后，在静止的空气中冷却的热处理工艺称为正火。

正火与退火两者的目的基本相同，但正火的冷却速度比退火稍快，因此正火后得到的组织比较细，强度、硬度比退火高一些；同时，正火与退火相比具有操作简单、生产周期短、生产效率高、成本低的特点。正火是一种广泛应用的预备热处理工艺。低碳钢件适宜用正火作为预备热处理。

（3）钢的淬火　将钢件加热到一定温度，保持一定时间，然后以适当的速度冷却的热处理工艺称为淬火。常用的淬火冷却介质是水、盐水、油、硝盐和空气等。非合金钢一般用水冷淬火，合金钢可用油冷淬火。淬火是强化钢材最重要的热处理工艺。

（4）钢的回火　钢件淬火后，再加热到一定温度，保温一定时间，然后冷却到室温的热处理工艺称为回火。

淬火处理所获得的组织很硬，很脆，并存在很大的内应力，因而易于突然开裂。所以，淬火钢必须经回火处理后才能使用。

回火时，决定钢的组织和性能的主要因素是回火温度。回火温度可根据工件要求的力学性能来选择。按回火温度范围不同，回火方法可分为三种：低温回火、中温回火和高温回火。

1）低温回火（<250℃）。低温回火可使热处理件具有高的硬度（58~64HRC）、高的耐磨性和一定的韧性。

低温回火主要用于高碳钢、合金工具钢制造的刀具、量具、滚动轴承、渗碳件、表面淬火件等。

2）中温回火（300~500℃）。中温回火可使热处理件具有高的弹性极限、屈服强度和适当的韧性，硬度可达40~50HRC。中温回火主要用于弹性零件及热锻模等。

3）高温回火（>500℃）。高温回火可使热处理件具有良好的综合力学性能（足够的强度与高韧性相配合），硬度达25~40HRC。生产中常把淬火及高温回火的复合热处理工艺称为"调质"。调质处理广泛用于受力构件，如螺栓、连杆、齿轮、曲轴等零件。

2．表面热处理

在动载荷及摩擦条件下工作的零件，要求表面具有高硬度和耐磨性，而心部具有足够的塑性和韧性。如汽车、拖拉机的传动齿轮，为了保证具有高的耐磨性，同时有足够的塑性和韧性，如果仅从选材方面去解决是困难的。若采用高碳钢，硬度虽高，但心部韧性不足；若用低碳钢，则心部韧性虽好，但表面硬度低，不耐磨。因此，工业上广泛采用表面热处理。

表面热处理是仅对工件表层进行热处理，以改变其组织和性能的工艺。表面淬火和化学热处理是最常用的两种表面热处理方法。

仅对工件表层进行淬火的工艺称为表面淬火。根据淬火加热方法的不同，常用的有火焰淬火和感应淬火两种。

3．化学热处理

钢的化学热处理是将工件置于一定温度的活性介质中保温，使一种或几种元素渗入其表层，以改变其化学成分、组织和性能的热处理工艺。化学热处理和其他热处理相比，其不仅改变了钢的组织，而且表层的化学成分也发生了变化。

化学热处理的种类很多，通常以渗入元素来命名，根据渗入元素的不同，常见的化学热处理有渗碳、渗氮、碳氮共渗、渗金属等。

单元巩固与提高

项 目 五

一、选择题

1. 量具在使用过程中，与工件（　　）放在一起。

A. 不能 　　　　B. 能 　　　　C. 有时能 　　　　D. 有时不能

2. 读数值为 0.05mm 的游标卡尺，当游标上第 12 格的标线与尺身上第 39mm 的标线对齐，此时游标卡尺的读数为（　　）。

A. 39mm 　　　　B. 39.60mm 　　　　C. 64mm 　　　　D. 27.60mm

3. 水平仪常用来检验工件表面或检验设备安装的（　　）情况。

A. 垂直 　　　　B. 平行 　　　　C. 水平 　　　　D. 倾斜

4. 内径千分尺的活动套筒转动一格，测微螺杆移动（　　）。

A. 1mm 　　　　B. 0.1mm 　　　　C. 0.01mm 　　　　D. 0.001mm

5. 一次安装在方箱上的工件，通过方箱翻转，可在工件上划出（　　）互相垂直的尺寸线。

A. 1 个 　　　　B. 2 个 　　　　C. 3 个 　　　　D. 4 个

6. 划线时，都应从（　　）开始。

A. 中心线 　　　　B. 基准面 　　　　C. 设计基准 　　　　D. 划线基准

7. 錾削时眼睛的视线要对着（　　）。

A. 工件的錾削部位 　　B. 錾子头部 　　　　C. 锤头 　　　　D. 手

8. 錾削硬钢或铸铁等硬材料时，楔角取（　　）。

A. 30°～50° 　　　　B. 50°～60° 　　　　C. 60°～70° 　　　　D. 70°～90°

9. 用于最后修光工件表面的锉是（　　）。

A. 油光锉 　　　　B. 粗锉刀 　　　　C. 细锉 　　　　D. 整形锉

10. 精锉时必须采用（　　），使锉痕变直，纹理一致。

A. 交叉锉 　　　　B. 旋转锉 　　　　C. 推锉 　　　　D. 顺向锉

11. 锯条安装应使齿尖的方向（　　）。

A. 朝左 　　　　B. 朝右 　　　　C. 朝前 　　　　D. 朝后

12. 起锯角约为 （   ） 左右。

A. 10°   B. 15°   C. 20°   D. 25°

13. 标准麻花钻头修磨分屑槽时是在 （   ） 磨出分屑槽。

A. 前刀面   B. 副后刀面   C. 基面   D. 后刀面

14. 在塑性和韧性较大的材料上钻孔，要求加强润滑作用，在切削液中可加入适当的

（   ）。

A. 动物油或矿物油   B. 水   C. 乳化液   D. 亚麻油

二、判断题

1. 划线是零件加工中的一个重要工序，因此通常能根据划线直接确定零件加工后的尺寸。

（   ）

2. 大型工件划线时，应选定划线面积较大的位置为第一划线位置，这是因为在校正工件时，较大面比较小面准确度高。（   ）

3. 锯削钢材，锯条往返均需施加压力。（   ）

4. 锯削零件当快要锯断时，锯削速度要快，压力要大。（   ）

5. 錾子的切削部分由前刀面、后刀面和它们的交线（切削刃）组成。（   ）

6. 錾子切削部分热处理时，其淬火硬度越高越好，以增加其耐磨性。（   ）

7. 粗齿锉刀适于锉削硬材料或狭窄平面。（   ）

8. 锉刀粗细的选择取决于工件的形状。（   ）

9. 钻半圆孔时，可用一块与工件材料相同的废料与工件合在一起钻出。（   ）

10. 在组合件上钻孔时，钻头容易向材料较硬的一边偏斜。（   ）

11. 分度值为 0.02mm 的游标卡尺，尺身上的刻度间距比游标上的刻度间距大 0.02mm。

（   ）

12. 游标卡尺是一种使用广泛的通用量具，无论何种游标卡尺均不能用于划线，以免影响其测量精度。（   ）

三、操作题

识读图 6-24 所示的玻璃钉锤零件图，确定加工工艺步骤，钳工制作玻璃钉锤。

项 目 六

一、选择题

1. 08F 牌号中，08 表示平均碳的质量分数为 _____。

A. 0.08%   B. 0.8%   C. 8%

2. 在下列三种钢中，_____ 钢的弹性最好；_____ 钢的硬度最大；_____ 钢的塑性最好。

A. T10   B. 20   C. 65

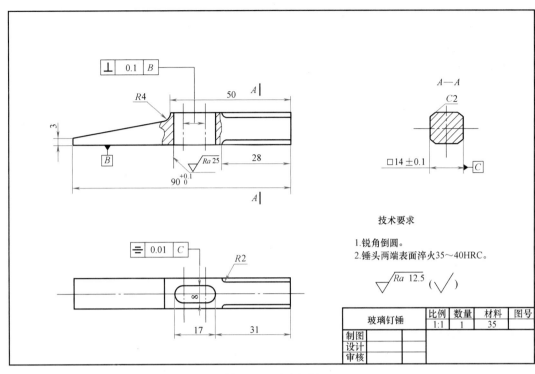

图 6-24　玻璃钉锤

3. 选择制造下列零件的材料：冷冲压件_____，齿轮_____，小弹簧_____。

A. 08F　　　　　　　　　　　B. 70　　　　　　　　　　　C. 45

4. 选择制造下列工具所用的材料：木工工具_____，锉刀_____，手工锯条_____。

A. T8A　　　　　　　　　　　B. T10　　　　　　　　　　C. T12

5. Cr12MoVA 属于_____钢。

A. 合金调质钢　　　　　　　B. 合金工具钢　　　　　　C. 特殊性能钢

6. 将下列合金钢牌号归类：耐磨钢_____；合金弹簧钢_____；合金模具钢_____；不锈钢_____。

A. 60Si2Mn　　　　　　　　　　　　　　　　B. ZGMn13

C. 20Cr13　　　　　　　　　　　　　　　　D. Cr12MoV

7. 为下列零件正确选材：机床主轴_____；汽车变速箱_____；板弹簧_____；滚动轴承_____；储酸槽_____；坦克履带_____。

A. 40Cr　　　　　　　　B. 60Si2MnA　　　　　　C. 12Cr18Ni9

D. 20CrMnTi　　　　　　E. GCr15　　　　　　　　F. ZGMn13-3

8. 为下列工具正确选材：高精度丝锥_____；热锻模_____；冷冲模_____；麻花钻头_____；医用手术刀片_____。

A. Cr12MoVA　　　　　　B. CrWMn　　　　　　　C. 68Cr17

D. W18Cr4V　　　　　　　E. 5CrNiMo

9. 为下列零件正确选材：机床床身_____；汽车后桥外壳_____；柴油机曲轴_____。

A. QT700-2　　　　　　　B. KTH350-10　　　　　　C. HT300

10. 将相应的牌号填入空格内：硬铝_____；防锈铝_____；超硬铝_____；铸造铝合金_____；铅黄铜_____；铝青铜_____。

A. HPb59-1　　　　　　　B. 3A21　　　　　　　C. 2A12

D. ZAlSi7Mg　　　　　　E. 7A04　　　　　　　F. QAl9-4

12. 某一材料的牌号为T3，它是_____。

A. 碳的质量分数为3%的碳素工具钢

B. 3号工业纯铜　　　　　C. 3号纯钛

13. 将相应牌号填入空格内：普通黄铜_____，特殊黄铜_____，锡青铜_____。

A. H70　　　　　　　　　B. QSn4-3

C. QSi3-1　　　　　　　 D. HAl77-2

二、综合题

1. 碳素工具钢的碳的质量分数不同，对其力学性能及应用有何影响？

2. 说明下列牌号的意义：45、T12、65Mn。

3. 说明下列牌号属于何类钢？其数字和符号各表示什么？

20Cr、9CrSi、60Si2Mn、GCr15、12Cr13、Cr12。

4. 车间里有两种分别用20Cr13和12Cr18Ni9生产的同规格的零件，搬运工在搬运过程中不小心将两种零件混在了一起，请你想一个简单的办法将这两种不同材料的零件分开。并说明理由。

5. 下列牌号各表示什么铸铁？牌号中的数字表示什么意义？

HT250、QT700-2、KTH330-08、KTZ450-06。

6. 为下列零件选材：

手术刀（　　　　　），滚动轴承（　　　　　），机床底座（　　　　　），手工锯条（　　　　　），防弹钢板（　　　　　），传动齿轮（　　　　　），飞机铆钉（　　　　　），饮料罐（　　　　　），室内导线（　　　　　），室外电缆（　　　　　）。

（将下列牌号填入上面空格内）

T10　45　ZGMn13　HT150　L1　GCr15　68Cr17　2A12　3A21　T1

7. 用T12钢制造锉刀，工艺路线如下：锻造—热处理1—机加工—热处理2—精加工。试写出热处理工序的名称及作用。

单元小结（图6-25）

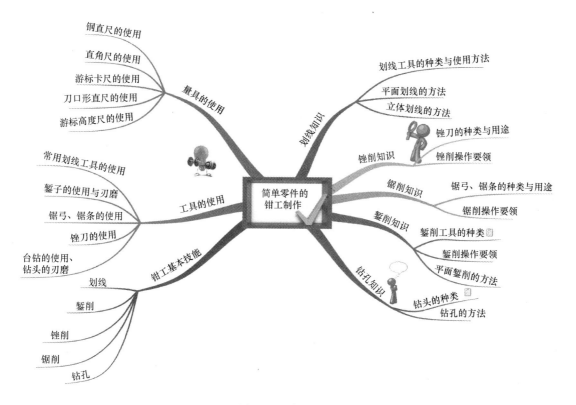

图 6-25　单元小结

参 考 文 献

[1] 柴鹏飞，黄正轴. 机械基础（少学时）[M]. 北京：机械工业出版社，2010.

[2] 李玉兰. 机械制图 [M]. 北京：开明出版社，2012.

[3] 张萌克. 机械制图 [M]. 北京：机械工业出版社，2006.

[4] 胡建生. 机械制图 [M]. 北京：机械工业出版社，2006.

[5] 张忠蓉. 机械基础 [M]. 北京：机械工业出版社，2009.

[6] 李世维. 机械设计基础 [M]. 北京：高等教育出版社，2005.

[7] 唐秀丽. 金属材料与热处理 [M]. 北京：机械工业出版社，2008.

[8] 杨冰，温上樵. 金属加工与实训（钳工实训）[M]. 北京：机械工业出版社，2013.

[9] 潘玉山. 钳工考级强化训练（中级）[M]. 北京：机械工业出版社，2011.

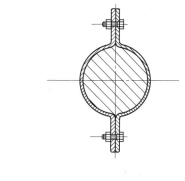

A—A 比例:2:1

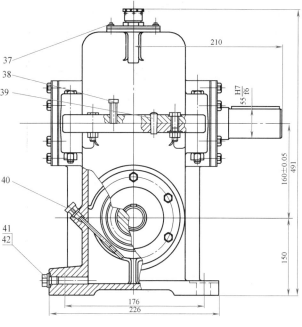

210

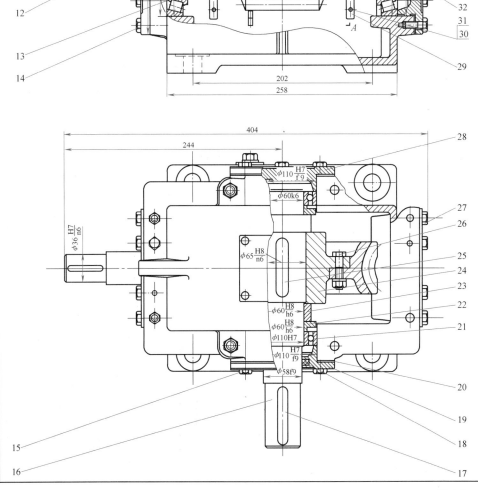

42	封油垫	工业用革	1	28×15.8 ZB 70—1962	
41	油塞	Q235A	1	M18×1.5 JB/ZQ4450—1997	
40	油尺	Q235A	1		
39	圆锥销	35	2	GB/T 119.7—2000-8×35	
38	启盖螺钉	Q235A	2	GB/T 5782—2000-M10×35	
37	螺栓	Q235A	4	GB/T 5782—2000-M6×12	
36	螺栓	Q235A	4	GB/T 5782—2000-M12×120	
35	弹簧垫圈	65Mn	4	GB/T 93—1987-M12	
34	螺母	Q235A	4	GB/T 6175—2000-M12	
33	调整垫片	08F	2组		
32	轴承端盖	HT200	1		
31	螺栓	Q235A	4	GB/T5782—2000-M6×20	
30	螺母	Q235A	4	GB/T6175—2000-M6	
29	用油板	Q235A	4		
28	轴承端盖	HT200	1		组合件
27	螺栓	Q235A	6	GB/T 5782—2000-M8×25	
26	螺栓	Q235A	4	GB/T 5782—2000-M6×35	
25	齿轮	45	1		
24	键		1	16×10×70GB/T 1096—2003	
23	套筒	Q235A	1		
22	轴油量	HT100	1		
21	角接触球轴承		2	7212C GB/T 292—1994	
20	调整垫片	08F	2组		
19	轴承端盖	HT200	1		
18	毡圈	粗羊毛毡	1	58 JB/ZQ 4406—1997	
17	键	45	1	18×11×20 GB/T 1096—2003	
16	蜗轮轴	45	1		
15	螺栓	Q235A	6	GB/T 5782—2000-M8×25	
14	螺栓	Q235A	6	GB/T 5782—2000-M8×25	
13	圆锥滚子轴承		2	30308 GB/T 297—1994	
12	蜗杆轴	45	1		
11	键	45	1	10×8×40 GB/T 1096—2003	
10	毡圈	粗羊毛毡	1	36 JB/ZQ 4406—1997	
9	轴承端盖	HT200	1		
8	箱座	HT200	1		
7	螺栓	Q235A	4	GB/T 5782—2000-M8×65	
6	弹簧垫圈	65Mn	4	GB/T 93—1987-M8	
5	螺母	Q235A	4	GB/T 5782—2000-M8	
4	箱盖	HT200	1		
3	垫片	收铜纸板	1		
2	视孔盖	Q235A	1		
1	通气器				组合件
序号	名称	材料	数量	规格标准	备注

输入功率/kW	输入转速/(r/min)	传动比	效率η	传动特性				
				导程角γ	模数m	齿数		精度等级
4.85	1440	18	0.83	11°18′36″	6.3	z_1	2	传动GB/T10089—1998
						z_2	36	传动GB/T10089—1998

总装图

一级蜗杆减速器装配图

技术要求

1.装配之前,所有零件均用油漆清洗,滚动轴承用汽油清洗,未加工表面涂灰色油漆,内表面涂红色耐油油漆。

2.啮合侧隙用铅丝检查,侧隙值不得小于0.1mm。

3.用涂色法检查齿面接触斑点,按齿高不得小于55%,按齿长不得小于50%。

4.30308轴承的轴向游隙为0.05～0.10mm,7212C轴承的轴向游隙为0.05～0.10mm。

5.箱座与箱座的接触面涂密封胶或水玻璃,不允许使用任何填料。

6.箱座内装CKE320蜗杆油至规定高度。

7.装配后进行空载试验时,高速轴转速为100r/min,正,反运转1h.运转平稳,无撞击声,不漏油,负载试验时,油池温升不超过60℃。

图 4-6 一级蜗杆减速器装配图

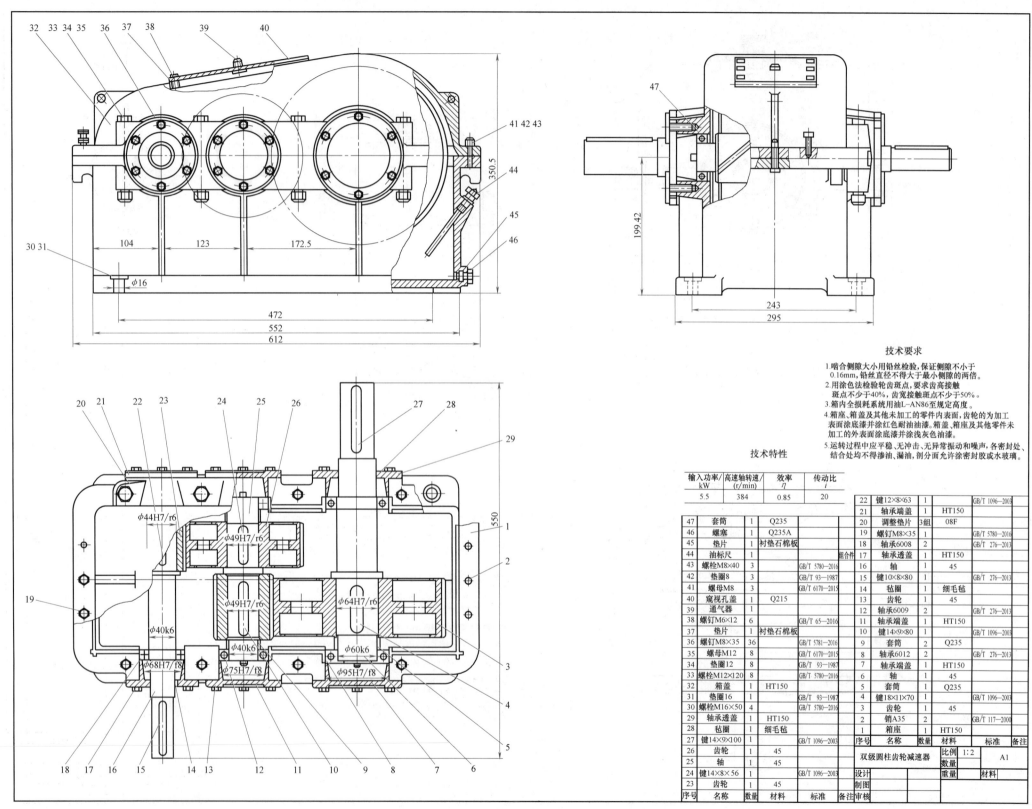

技术要求

1. 啮合侧隙大小用铅丝检验,保证侧隙不小于
   0.16mm,铅丝直径不得大于最小侧隙的两倍。
2. 用涂色法检验轮齿斑点,要求齿高接触
   斑点不少于40%,齿宽接触斑点不少于50%。
3. 箱内全损耗系统用油L-AN86至规定高度。
4. 箱座、箱盖及其他未加工的零件内表面,齿轮的为加工
   表面涂底漆并涂红色耐油油漆。箱盖、箱座及其他零件未
   加工的外表面涂底漆并涂浅灰色油漆。
5. 运转过程中应平稳、无冲击、无异常振动和噪声,各密封处、
   结合处均不得渗油、漏油,剖分面允许涂密封胶或水玻璃。

技术特性

输入功率/ kW	高速轴转速/ (r/min)	效率/ η	传动比 i
5.5	384	0.85	20

47	套筒	1	Q235	
46	螺塞	1	Q235A	
45	垫片	1	衬垫石棉板	
44	油标尺	1		组合件
43	螺栓M8×40	3	GB/T 5780—2016	
42	垫圈8	3	GB/T 93—1987	
41	螺母M8	3	GB/T 6170—2015	
40	宽视孔盖	1	Q215	
39	通气器	1		
38	螺钉M6×12	6	GB/T 65—2016	
37	垫片	1	衬垫石棉板	
36	螺钉M8×35	36	GB/T 5781—2016	
35	螺母M12	8	GB/T 6170—2015	
34	垫圈12	8	GB/T 93—1987	
33	螺栓M12×120	8	GB/T 5780—2016	
32	箱盖	1	HT150	
31	垫圈16	1	GB/T 93—1987	
30	螺栓M16×50	4	GB/T 5780—2016	
29	轴承透盖	1	HT150	
28	毡圈	1	细毛毡	
27	键14×9×100	1	GB/T 1096—2003	
26	齿轮	1	45	
25	轴	1	45	
24	键14×8×56	1	GB/T 1096—2003	
23	齿轮	1	45	
序号	名称	数量	材料	标准 备注

22	键12×8×63	1		GB/T 1096—2003
21	轴承端盖	1	HT150	
20	调整垫片	3组	08F	
19	螺钉M8×35	1		GB/T 5780—2016
18	轴承6008	2		GB/T 276—2013
17	轴承透盖	1	HT150	
16	轴	1	45	
15	键10×8×80	1		GB/T 276—2013
14	毡圈	1	细毛毡	
13	齿轮	1	45	
12	轴承6009	2		GB/T 276—2013
11	轴承端盖	1	HT150	
10	键14×9×80	1		GB/T 1096—2003
9	套筒	2	Q235	
8	轴承6012	2		GB/T 276—2013
7	轴承端盖	1	HT150	
6	轴	1	45	
5	套筒	2	Q235	
4	键18×11×70	1		GB/T 1096—2003
3	齿轮	1	45	
2	销A35	2		GB/T 117—2000
1	箱座	1	HT150	
序号	名称	数量	材料	标准 备注

双级圆柱齿轮减速器		比例 1:2	A1
		数量	
设计		重量	材料
制图			
审核			

图 3-1 双级圆柱齿轮减速器装配图